Markenführung im Umbruch

Wolfgang Frick

HAUFE.

Inhalt

Vorwort

Handel ist Wandel – Markenführung auch! Das ist mein Credo. Und eine meiner Lieblingsprovokationen lautet: »Solange man Haare nicht online schneiden kann, werden in Innenstädten nur Friseurgeschäfte überleben.«

Tatsächlich haben Handel und Gesellschaft großen Herausforderungen zu meistern. Schlagworte sind: Krisenstimmung, Ratlosigkeit, Knappheit, Sackgasse, Aussichtslosigkeit. Und auch die Markenführung hat schwierige Aufgaben zu erfüllen. Zählen Markenwerte noch wie früher? Hat sich der Konsument verändert? Sucht er immer noch einen Nutzen aber gar kein Produkt? Sind die Erfolgsrezepte noch die gleichen?

Mein Tipp: Lesen Sie diesen Taschenguide und Sie finden Marken-Wege in und aus der Sackgasse. Vor allem erhalten Sie eine »Ready for take off«-Anleitung, wie Sie neu durchstarten können. Sie lernen, warum Marken immer noch Marken sind, welche Thesen und Glaubenssätze helfen und was stationär besser gemacht werden kann als digital. Nehmen Sie zudem mit, wie Sie schneller, sicherer und vor allem zufriedener aus dem Überfluss an Möglichkeiten heraus und zu einer Entscheidung kommen.

»Raus aus dem Vakuum«, heißt die neue Devise – mit Jammern macht man keinen Umsatz und schon gar keine Fortschritte. Überlassen Sie das anderen.

Viel Spaß beim Lesen und Umsetzen

Ihr Wolfgang Frick

P.S.: Silvio Raos, von dem die Illustrationen in diesem Buch stammen, ist ein langjähriger Wegbegleiter und Freund von mir. Es werden wohl Gestaltungen für an die 1.000 Verpackungen gewesen sein, die er mir als Marketingleiter verschiedener Unternehmen vorgelegt hat. Er hat die seltene Gabe, Dinge mit spitzer Feder auf den Punkt zu bringen. In Österreich zählt er zu den besten seines Faches und sorgt in der Vorarlberger Tagespresse täglich für einen Lacher.

Marken im Umbruch und Aufbruch

Überfluss hat den Mangel abgelöst. So werden im Handel – laut Gesellschaft für Konsumforschung – mehr als dreiviertel der Produktneuheiten nach einem halben Jahr wieder aus den Regalen genommen. Keiner braucht sie.

In diesem Kapitel erfahren Sie,

- was Marken unwiderstehlich und anziehend macht,
- wie treffsicheres Marketing funktioniert,
- weshalb Konzeptmarketing wichtiger ist als Preismarketing,
- wie Marken das öffentliche Vertrauen gewinnen und
- wieso Big Data nicht alles ist.

Bestandsaufnahme: Warum Umbruch und Aufbruch wohin?

Sag mir, welche Marke du trägst, und ich sage dir, wer du bist. So lautet meine Transformation des altbekannten Sprichworts über die Freunde und das Selbst. Wenn Sie für sich überlegen, haben Sie in den Monaten seit der Corona-Pandemie andere Marken getragen oder verwendet als früher? Haben Krisenstimmung und Aussichtslosigkeit in dem durch Corona bedingten Lockdown Anfang 2021 Sie verändert? Machen Sie eine Bestandsaufnahme und stellen Sie sich folgende Fragen.

Bestandsaufnahme

- Wie gibt Ihre Marke Kunden Halt?
- Wie einladend ist Ihr Geschäft – außen und innen?
- Wurde das Markenversprechen erneuert?
- Kennen Sie Ihre Kunden mit Namen?

Die letzten Monate seit dem ersten Ausbruch der Corona-Pandemie im März 2020 waren von einer Krisenstimmung bis hin zur Aussichtslosigkeit geprägt. Stelle ich mir selbst die Frage, ob sich meine Beziehung zu Marken, die ich bisher genutzt habe, in dieser Zeit verändert hat, so lautet meine persönliche Antwort: Ja! Dazu die folgenden Beispiele.

Bestandsaufnahme 1: Geben Marken Kunden Halt?

Kürzlich wurde ich von einem namhaften Kaffeekapsel-Hersteller telefonisch kontaktiert. Fast ein Jahr lang hatte ich keine Bestellung mehr getätigt. Wie die Zeit vergeht, dachte ich mir, aber das war es nicht allein. Mein Konsumverhalten hatte sich geändert. Ich war es leid, Bestandteil der Wertschöpfungskette zu sein und die gebrauchten Kapseln brav beim Händler abzuliefern. Ich wollte kein Greenwashing mehr betreiben für dieses Premiumprodukt. Die alte Kaffeemaschine wurde reaktiviert – Homeoffice macht es möglich –, mit aromatischem Bohnenkaffee befüllt und auf Knopfdruck Kaffee genossen. Eine neue Kultur des Zelebrierens? In unsicheren Zeiten suchen Menschen Halt. Anerkennung ist sekundär. Daher wird das Netzwerken auf Eis gelegt. Bleibt die Suche nach Halt.

Bestandsaufnahme 2: Sind Geschäfte einladend?

Im stationären Handel beobachte ich viele Geschäfte, die wenig einladend sind – oder tatsächlich ausladend sind. Begrüßt wird man von Schildern, auf denen steht: »Parken verboten«, »Abschleppzone«, »Dieser Bereich ist videoüberwacht«. Wer wird angenehme Erwartungen damit verbinden? Wahrscheinlich wecken solche Schilder eher unheimliche Fantasien bei den Kunden. Wird so Kundenzufriedenheit gewonnen?

Bestandsaufnahme 3: Wurde das Markenversprechen erneuert?

Nach 14 Jahren habe ich die Automarke gewechselt. Max Grundig hat mal die Formel geprägt: »Der Bauch entscheidet und der Kopf argumentiert.« Ich ergänze: Mehr Bauchumfang heißt nicht automatisch mehr Entscheidungsspielraum. Also: Hirnwindungen strapazierend suche ich nach einer Erklärung für mich, wieso, weshalb, warum wechselt ein Mann die Marke? Nach sechs unterschiedlichen Modellen vom selben Hersteller? Die Situation war verfahren. Aber vor allem: Ich bin auf die Marke nicht mehr abgefahren. Was war passiert? Ich kann es nur vermuten: Die Marke hat sich um mich zu wenig gekümmert, hat zu wenig Verständnis für meine Situation geäußert. Das war der Knackpunkt, denke ich.

Bestandsaufnahme 4: Kennen Sie Ihre Kunden mit Namen?

Als »Ur-Kunde« habe ich nach fast 50 Jahren meine Bankverbindung gewechselt. Der Slogan »Mit dem persönlichen Service« ist in die Jahre gekommen. Gespürt habe ich den Service auch nicht mehr und selten erlebt. Aus der Kundenbindung war eine Unbindung geworden. Zu häufiger Personalwechsel, am Schalter bin ich nicht mehr erkannt worden vor lauter E-Banking. Das Markenversprechen hat an den vertrauensbedürftigsten Kontaktpunkten versagt.

Ermitteln Sie die Befindlichkeit Ihrer Marke

Einstein war einer der Ersten, der verstanden hatte: »Es sind nicht die Dinge, die uns traurig machen, sondern die Erwartungen, die wir in sie setzen.« Wie verhält es sich also mit der Befindlichkeit Ihrer Marke? Die beiden zentralen Instrumente sind dabei die Worte »Erwartungshaltung« und »Erfüllungsgrad« (siehe unten die Grafik). Was die beiden Begriffe bedeuten, erläutere ich im Folgenden.

Sei es in Bezug auf das Geschäftslokal, die Beratung, den Service, Preis und vieles mehr: Sobald ein Kunde das Geschäft betritt oder in den Webshop hineinklickt, kreuzt sich seine *subjektive Erwartungshaltung* mit dem tatsächlichen, jedoch subjektiv empfundenen Erlebnis. Die Differenz daraus ergibt ein positives oder negatives Markenempfinden. Wie Erwartungshaltung und konkretes Erleben miteinander kommunizieren, zeigen die beiden folgenden Beispiele.

BEISPIEL: ERFÜLLUNGSGRAD ÜBERTRIFFT ERWARTUNGSHALTUNG

Sie gehen mit null Bock und damit null Erwartung auf ein Fest. Dass Sie überhaupt eingeladen sind, war an sich schon eine Überraschung. Trotzdem gehen Sie hin. Wider Erwarten wird die Nacht zum Tag und nach dem Katerfrühstück kommen Sie nach Hause.

Das Beispiel erzählt die Geschichte, wie der Erfüllungsgrad die Erwartungshaltung übertroffen hat. Sie schwärmen heute noch von diesem Fest. Das ist ein deutlicher Ausdruck von lang anhaltender Zufriedenheit. Das funktioniert natürlich auch umgekehrt, davon erzählt das nächste Beispiel.

BEISPIEL: ERFÜLLUNGSGRAD BLEIBT HINTER ERWARTUNGSHALTUNG ZURÜCK

Seit Wochen freuen Sie sich auf ein Grillfest, an dem Sie Freunde erwarten, die Sie schon viel zu lange nicht mehr gesehen haben. »Das wird eine Mordsgaudi«, versprechen Sie sich, aber sitzen an jenem Samstag zu den Nachrichten bereits wieder vor dem Fernseher, weil einfach keine Stimmung aufkam.

Das zweite Beispiel zeigt, wie eine hohe Erwartungshaltung mit einem geringen Erfüllungsgrad korrespondiert. Daraus lassen sich auch Schlüsse fürs Marketing ziehen.

Grafisch lässt sich der Zustand einer Marke im Spannungsfeld von Erwartungshaltung und Erfüllungsgrad wie folgt darstellen:

Wie attraktiv und erfüllend ist Ihre Marke?

- An Marken, die »klinisch tot« sind, haben die Kunden schon gar keine Erwartungen mehr. Denn auch der Erfüllungsgrad ist niedrig.
- Im »Wachkoma« liegt eine Marke, bei der die Kunden zwar noch Erwartungen haben, deren Erfüllungsgrad aber gering ist.
- »Wiederbelebt« sind die Marken, die zwar was den Erfüllungsgrad angeht, gar nicht so schlecht dastehen. Nur scheint das keiner zu wissen. Auf jeden Fall sind die Erwartungen der Kunden an die Marke gering.
- »Unsterblich« sind Marken, die beides auf sich vereinen: eine hohe Erwartungshaltung und einen guten Erfüllungsgrad.

To-do: Wo würden Sie Ihre Marke platzieren?

- Wo würden Sie Ihre Marke platzieren?
- Warum und wie kann eine neue Positionierung erfolgen?
- Wie groß ist Ihrer Meinung nach die Lücke zwischen Realität und Wirklichkeit?
- Haben Sie das Ihre Kunden schon einmal gefragt?

Warum Marke-ting sich verändert und doch bleibt, wie es ist

Seit den 60er-Jahren des vergangenen Jahrhunderts bezeichnen die 4P die Grundlagen des Marketings. Mit den 4P werden die Aktivitäten eines Unternehmens umrissen: Product (Produkt),

Price (Preis), Promotion (Kommunikation) und Place (Vertrieb) lauten die vier Begriffe im Englischen (und auf Deutsch).

Was heißt das für das Marketing, wenn sich das Verhalten der Verbraucher so drastisch verändert hat? Denn Änderungen im Verbraucherverhalten haben disruptive Auswirkungen auf das Marketing. Dennoch: An den 4P und ihrer Reihenfolge ändert sich meines Erachtens nichts. Doch es kommt zu Verschiebungen in den Inhalten der 4P. Es gilt daher, Folgendes zu berücksichtigen:

- **Produkt:** Viele Dienste bieten keine Produkte mehr an bzw. besitzen gar keine mehr. Verkauft wird über eine zugemietete, virtuelle Plattform (Plattformökonomie).
- **Preis:** Viele Dienste sind mittlerweile nicht nur kostenlos, man bekommt sogar noch Geld für Registrierung, Empfehlungen etc. Jedoch: Mir wurde als Kind schon beigebracht, was nichts kostet, ist nichts wert.
- **Place:** Digitale Vertriebskanäle werden zunehmend relevanter. Seit Jahren ist das Wachstum zweistellig. Immer wichtiger werden auch die analytischen Fähigkeiten (»Data-Driven Marketing«). Sie sind notwendig, um die Zielgruppe überhaupt noch erreichen zu können.
- **Promotion:** Unternehmen verlagern ihre Werbebudgets in digitale Kanäle und nutzen insbesondere z. B. Displays, Search Engine Marketing, Search Engine Optimization, soziale Netzwerke, virales Marketing, Influencer Marketing.

Der Preis ist heiß

Wer jedoch die Reihenfolge der 4P außer Acht lässt und sich nur noch um den Preis kümmert, dem ergeht es am schlimmsten. Denn ein Preis braucht eine Kalkulationsgrundlage und spiegelt den Wert einer Marke wider. Jedoch ist in diesen Zeiten der Preis das Hauptargument für den Kauf. Aktions- und Warengruppenrabatte (»25 Prozent auf alle Biere«) sind wahre Zugnummern im Abverkauf. Das gilt ganz besonders für den Onlinehandel, denn hier herrscht hundertprozentige Preistransparenz.

> **Die Reihenfolge der 4P**
>
> Ein Produkt hat seinen Preis. Für diesen Preis kann es mit der entsprechenden Promotion an einem bestimmten Place (Ort) verkauft werden.

Was in der Theorie so selbstverständlich erscheint, nämlich die 4P in ihrer »natürlichen« Reihenfolge zu behandeln, führt in der Praxis zu seltsamen Auswüchsen. Schuld daran ist häufig nicht das Unwissen der Marketingverantwortlichen, sondern ihr Unvermögen, sich gegen die Hektik des Tagesgeschäftes aufzulehnen und ihre Prinzipien durchzusetzen.

Warum Marke-ting das Herzstück eines Unternehmens ist

Würden Sie als Marketer einem Chirurgen Tipps geben, wie er eine Herzoperation durchzuführen hat? Eine rhetorische Frage, möchte man glauben – nur leider nicht umgekehrt. Manche glauben, für ein erfolgreiches Marketing bedürfe es weder eines Studiums noch vertiefter Kenntnisse. Und zu viele meinen zu wissen, wie das Herzstück eines markengeführten Unternehmens getrimmt und fit gehalten werden soll, tatsächlich verfügen sie aber weder über das Wissen noch über die nötige Erfahrung.

Gewiss, alle Mitarbeiter sind Teil des Marketings. Das heißt aber noch lange nicht, dass sie in der Planung der Maßnahmen ein »Mitspracherecht« haben. Lesen Sie im Folgenden, welche Kompetenzen Profis haben.

Marke-ting 1: Was die Verantwortlichen können müssen

Marketingleitern ergeht es oft ähnlich, wie den sprichwörtlichen Propheten: Im eigenen Land gelten sie wenig. Sie überbringen schlechte Nachrichten und sie entwickeln Ideen, die mit der Gewohnheit brechen. Beides hört man im ersten Moment nicht gerne, denn wir Menschen sind keine Freunde von Veränderungen. Abwertende Kommentare wie »Was, das soll gut sein?« oder »Das habe ich ja noch nie gesehen!« sind da schon mal zu hören.

Gute Marketingleiter rütteln auf, sie hinterfragen unbequeme Sachlagen und treiben Gremien an, die Komfortzone zu verlassen. In Momenten wie diesen ist Orientierung gefragt. Dazu stellen gute Marketingleiter diese Fragen:

- Dient die Idee der Markenstärkung?
- Oder folgt die Idee lediglich einem konturlosen Mainstream?

Warum eine markengeführte Unternehmenskultur nach innen gerichtet ist

Eine markengeführte Unternehmenskultur ist immer nach innen gerichtet und hat dort auch ihren Ursprung. Nur so können Ideen entstehen, die auf der eigenen Markenstärke aufbauen und nicht als Benchmark anderer kopiert werden.

Hier wird es dann auch schwierig für alle selbst ernannten Marketingexperten. Wenn nicht mehr kopiert oder abgeschaut werden kann, wenn man plötzlich mit eigenen, originellen Ideen brillieren muss, ist der Handlungsspielraum für die anderen Abteilungen deutlich kleiner. In der Sackgasse zeigt sich die Fähigkeit, Orientierung zu geben.

Gute Marketingleiter grenzen sich von diesen Einflüssen ab, sie gehen stur – wie es für Außenstehende scheinen mag – den eigenen Weg. Dazu verfügt eine gute Marketingleitung über innere Stärke, Überzeugung und manchmal ein Pokerface. Denn hierarchisch sitzt das Marketing meist ein, zwei Etagen zu tief, um über echte Entscheidungsgewalt zu verfügen.

Marke-ting 2: Mit einer eingeschworenen Belegschaft den Markt erobern

»Stimmung ist wichtiger als Kapital«, so formulierte ein gefeierter Hotelier sein Erfolgsgeheimnis. Was der Hotelier sagt, hat auch für das Marketing Gültigkeit. Denn mit einer eingeschworenen Belegschaft versetzen Sie Berge. Um eine Belegschaft zu einer eingeschworenen Gemeinschaft zu formen, bedarf es Rituale, Gesten, eine gute Kinderstube und Motivationstechnik. Gute Stimmung entsteht zudem durch eine offene Informationskultur und durch Lob und Schulterklopfen. All diese Elemente funktionieren aber nur dann, wenn sie ernst gemeint sind und nicht aufgesetzt oder gezwungen wirken.

Die Marke in der Freizeit vertreten

Es gibt kein schöneres Bekenntnis zum Unternehmen, als Mitarbeiter, die auch in ihrer Freizeit die Marke vertreten wollen. Beantworten Sie daher Sponsoringanfragen Ihrer Mitarbeiter nach Möglichkeit stets positiv.

Marke-ting 3: Warum Mitarbeiter die besten Markenbotschafter sind

Mitarbeiter entscheiden über Erfolg und Misserfolg mehr als ihnen selbst bewusst ist. Freundlichkeit und Sympathie heißen dabei die simplen Zauberworte.

BEISPIEL

Ob ein Skigebiet familienfreundlich ist, beweist als Erstes der Parkplatzeinweiser. Spätestens beim Einsteigen in die Gondel wissen Sie, ob Sie mit Familie bevorzugt behandelt werden. Diente früher der Anblick einer gehetzten Familie, die sich abmüht, alle Skier und Kinder in die Kabine zu bringen, der allgemeinen Belustigung, so hilft heute beim Einladen das zuvorkommende Liftpersonal. Eine Erfahrung, die eine Familie bedeutend lieber mit nach Hause nimmt und die sie ins Skigebiet zurückkehren lässt.

Solchen Markenbotschaftern kann man nicht oft genug »Danke« sagen. Leider geschieht das in der Realität aber selten oder zu spät. Meist erst dann, wenn sich Mitarbeiter von einem Arbeitgeber abwenden und eine neue Stellung antreten.

Mitarbeiter avancieren zu Markenbotschaftern

Marken werden zu selten auf allen Unternehmensebenen gepflegt – und leider am wenigsten auf der höchsten. Wie sollen Mitarbeiter zu Markenbotschaftern avancieren, wenn sich nicht einmal die Vorstandsebene adäquat verhält?

Mein Tipp: Erstellen Sie eine Inventurliste aller Kontaktpunkte zwischen Marke und Mitarbeitern: Wo wird die Marke erlebt? Und bewerten Sie den Erfüllungsgrad schonungslos. Fragen Sie Ihre Kunden dazu, die härteste Jury der Welt.

Marke-ting 4: Mit Tiki-Taka ein einzigartiges Markenprofil entwickeln

Wie im Sport gilt auch im Marketing: Das Spiel ändert sich. Wer im Fußball meint, dass bereits eine zufällig zusammengewürfelte Best-of-Compilation zur Meisterschaft reicht, hat sich getäuscht. Italien gewann 2021 die Europameisterschaft, weil die Mannschaft in den letzten Jahren ihr Spielsystem kultiviert hat. »Tiki-Taka« heißt im Fußball kurze Pässe, Mobilität, geduldiges Kombinieren. Das gilt es auf das Marketing zu übertragen.

Verwirrstrategie unterlassen – Orientierung geben

Die Abläufe sind eingespielt. Jeder weiß, wo der andere steht oder wohin er läuft. Darum sind sie schneller als die anderen am richtigen Ort. Das Geheimnis ist: Orientierung. Und genau das gilt auch fürs Marketing. Insbesondere für Markenführung im Umbruch.

Eine gewaltige Informationsflut überrollt uns Konsumenten und überfordert uns. Marketer versprechen häufig zu viel und halten zu wenig. Oder anders formuliert: Marketer reden zu viel und sagen zu wenig. In anspruchsvollen Zeiten wie diesen verzeiht das kein Konsument dieser Welt.

Manche Anbieter machen die Verwirrung sogar zur Strategie. Und das mit Erfolg, wie der Blick in den Markt der Mobiltelefonie zeigt. Hinter dem Tarifwirrwarr steckt Kalkül. Denn: Wenn Konsumenten nicht mehr beurteilen können, welches für sie das attraktivste Abo darstellt, entscheidet die Kommunikation – und der Werbedruck. Es ist unglaublich, welche Summen in diesen Märkten umgesetzt werden. Was aber beweist: Ab gewissen Dimensionen gibt es eine direkte Korrelation zwischen Schaltvolumen und Marktanteil. Von einer solchen Verwirrstrategie rate ich allen ab, die nicht derart voluminöse Budgets verwalten dürfen.

Der Marke eine klare Kontur geben

Geben Sie Ihrer Marke eine klare Kontur, auf die sich die Konsumenten verlassen können. Denn in einem Punkt sind Marken wie Menschen: Wenn Sie jeden Tag anders auftreten, mal weltoffen, mal provinziell, mal pfiffig und frech, mal brav und bieder, wer wird dann schlau aus Ihnen? Menschen möchten wissen, mit wem sie es zu tun haben. Und nicht anders ist das auch im Bezug auf Marken, vor allem bei denen, die wir bisher bevorzugt aus dem Regal gezogen haben.

Einzigartiges Markenprofil

Schenken Sie Ihrer Marke also ein unverwechselbares und merkfähiges Profil. Seien Sie für Ihre Kunden der Leuchtturm in den turbulent wechselnden Gezeiten der Märkte. Dann nämlich orientieren sich Konsumenten an Ihrer Marke, selbst wenn sie einmal von einer Welle erfasst werden. Ihr Leuchtturm wird die Kunden wieder auf den richtigen Kurs bringen.

Marken müssen Grenzen setzen

Kennen Sie den Kalauer: »Wer nach allen Seiten offen sein kann, ist nicht ganz dicht«? Diese Erkenntnis gilt auch für Marken. Sie können nicht nach allen Seiten offen sein. Marken müssen Grenzen haben. Denn: Versprechen sollten Sie in ihrem Markenauftritt nur, was Sie auch wirklich halten können. Eine Marke muss nicht alles können, denn »Everybody's darling is nobody's friend«. Mut zur Lücke macht sympathisch.

Marke-ting 5: Geben Sie Kunden Orientierung

»Der Köder muss dem Fisch schmecken, nicht dem Angler.« Das leuchtet allen ein, zumindest allen Anglern. In vielen Unternehmen allerdings stelle ich Tendenzen fest, die an Betriebsblindheit grenzen. Zu sehr ist man mit den eigenen Prozessen und den Herausforderungen im eigenen Haus beschäftigt und scheint zu vergessen, für wen man hier eigentlich arbeitet: für Konsumenten nämlich, die in den meisten Fällen aus einem riesigen Angebot an Konkurrenzprodukten auswählen können.

Überraschenderweise verlieren selbst Marketingverantwortliche die Kundenorientierung aus dem Blick. Zur Veranschaulichung ein kleines Beispiel aus dem Bereich Unternehmens-Newsletter und der intime Blick in meine Mailbox.

BEISPIEL: TEXTWÜSTEN, LANGE LADEZEITEN, SCHLECHTE BILDER

Mein E-Mail-Account wurde heute wieder von Dutzenden Newslettern geflutet: Textwüsten, lange Ladezeiten, schlechte Bilder. Kaum zu glauben, aber für die Mehrheit scheint User-Freundlichkeit kein Kriterium zu sein. Taucht dazwischen ein gut gemachter Newsletter auf, stürze ich mich geradezu darauf. Nach all der Belästigung zuvor ist das eine wahre Wohltat, eine Augenweide.

Offensichtlich sind viele Newsletter-Versender der Meinung, dass die eigenen News so bahnbrechend seien, dass man sich zur Form keinerlei Gedanken machen müsse. Dabei zeigen aktuelle Studien, dass zu 75 Prozent die Form und nur zu 25 Prozent der Inhalt zählt.

Ein Newsletter muss wie ein Liebesbrief wirken

Denken Sie daran: Ein Newsletter muss wie ein Liebesbrief wirken. Man muss ihn gerne lesen – und der Inhalt bleibt in Kopf und Herz haften. Oder Sie wählen die ganz klare Version, denn schon die alten Ägypter wussten: Je plakativer man es herausschreit, desto größer die Kaufwahrscheinlichkeit.

Die Kernbotschaft finden und kommunizieren

Überhaupt frage ich mich, warum sich Unternehmen in der Kommunikation nicht auf eine Kernbotschaft beschränken. Offensichtlich ist die Angst groß, ein Kaufargument zu vergessen. Aus Unsicherheit schreiben die Zuständigen dann lieber zu viel als zu wenig. So avanciert die Kommunikation quasi zu einem verbalen Bauchladen. War das schon immer so? Als ich neulich einen Blick in meine Dissertation warf (publiziert 1996), war ich doch etwas erstaunt. Ich stieß nämlich auf das Zitat eines Diplompsychologen, der bereits 1991 die Problematik der Informationsüberflutung und Überforderung der Konsumenten thematisierte. »Erde an Marketing: Haben wir denn in den letzten 20 Jahren nichts dazugelernt?«

Wir sprechen von »Zuvielisation« und der Überfluss hat längst den Mangel abgelöst. Doch was tut das Marketing? Es tut so, als wäre noch immer alles beim Alten. Schande über das Marketing – und, da fühle ich mich mitschuldig, denn es ist uns nicht gelungen, die Probleme von damals für die Gegenwart zu lösen. Wir sprechen zwar von »Differentiate or Die« oder »Unique now or never« und anderen Leitsprüchen. Nur, was dann zu sehen ist, hat damit häufig wenig zu tun. Fehlt uns der Mut dazu?

Hinterfragen Sie Ihre Marke

Schon in der Hauptschule hat mich der Lehrer wegen meiner zu zahlreichen Fragen gerügt. Beim letzten Klassentreffen habe ich dies wieder zu hören bekommen. Dem ehemaligen Lehrer gab ich zur Antwort: »Würden alle so viele Fragen stellen, hätten wir die PISA-Studie nicht gebraucht.« Egal, mit dem Hinterfragen habe ich nicht aufgehört. Und ich denke, es ist heute wichtiger denn je.

Machen Sie Ihre Marke schöner und besser als Sie ist?

Neulich fuhr ich an einer Schönheitsklinik vorbei, wunderbar gelegen am Bodensee. Hierher kommen viele Leute und geben viel Geld für ihre Schönheit aus. Dabei geht es zwar nicht um Kunst-, viel eher um Geburtsfehler. Oder um das Bemühen, sich eine äußerliche Schönheit zu verleihen, die gerade dem Zeitgeist entspricht.

Das ist im Marketing letztlich nicht viel anders. So versuchen viele ihre Marken mit »Window dressing« attraktiver zu machen, als sie es wirklich sind. Doch unabhängig von der Ästhetik, der Charakter der Marke bleibt immer der Gleiche. Früher oder später kommt er wieder zum Vorschein.

So müssen sich Marketingverantwortliche nicht nur bewusst machen, warum sie Maßnahmen für ihre Marke initiieren, sondern auch, ob der »chirurgische Eingriff« der Seele, dem Markenkern, entspricht. Achten Sie bei der Markenpflege darauf, dass Sie der Seele und Aura treu bleiben. Denn Konsumenten merken, ob etwas authentisch ist – oder Sie ihnen etwas vorgaukeln. Dann entscheiden die Beine und tragen Ihre Kunden weit weg vom Verkaufsregal Ihres Produkts. Übrigens off- wie online.

Marke-ting 6: Attraktivität entwickeln und Bekanntheit ausbauen

Es drängt sich also die Notwendigkeit auf, immer deutlicher zu verdichten, warum ein Unternehmen genau das tut, was es am besten kann. Irgendetwas vorzuspielen, macht keinen Sinn. Genau darin aber liegt die Krux: Die Versuchung ist groß, in Bekanntheit zu investieren anstatt in Attraktivität und Begehrtwerden.

Schon zu meiner Studienzeit war die Rede von Pull- und Push-Marketing. Heute kann ich aus Erfahrung sagen: Es zahlt sich aus, erst eine attraktive Marke mit eigener Identität aufzubauen, um danach bekannt zu werden. Das Wachstum erfolgt ganz automatisch. Wenn dagegen eine Marke schnell bekannt wird und in aller Munde ist, letztlich aber kein essenzielles Begehren bei den Kunden weckt, reden wir von Trends. Die mögen kürzer oder länger anhalten, verschwinden werden sie alle. Somit stellt sich die Frage, wie Sie mit Ihrer Marke Geld verdienen wollen. Kurzfristig, heftig und mit dem schnellen Ende einer Marke – oder beharrlich und somit zeitaufwendiger. Je nach Aufgabenstellung ist das eine oder das andere Vorgehen richtig.

Mein Tipp: Behandeln Sie Ihre Marke wie sich selbst

Wenn Sie vor dem Spiegel stehen, sich schminken oder rasieren und sich schön machen, tun Sie es mit einer klaren Absicht. »Ich will sie oder ihn heute um den Finger wickeln, ich will heute einen starken Auftritt hinlegen.« Sie wissen, was Sie tun. Nicht weniger sollten Sie auch Ihrer eigenen Marke gönnen. Behandeln Sie Ihre Marke wie sich selbst.

Marke-ting 7: Wie Sie die Erwartungshaltung der Kunden aufbauen

Bauen Sie bei Ihren Kunden eine Erwartungshaltung auf, die Sie im direkten Kontakt einlösen, oder besser noch, übertreffen können – und nicht umgekehrt. Eigentlich ganz einleuchtend, meinen Sie. Machen Sie den Realitätstest:

Mein Tipp: Erwartungen einschätzen

Greifen Sie zu einem Magazin, egal zu welchem, und prüfen Sie, wo Erwartungen geschürt werden. Treffen Sie eine Einschätzung: Welche Erwartungen werden eingelöst? Welche Erwartungen sind zum Scheitern verurteilt?

Da gibt es vieles, zu vieles, das nicht funktioniert. Das folgende Beispiel zeigt so eine Situation. Hier krachen eine überzogene Erwartungshaltung und ein gleichsam homöopathischer Erfüllungsgrad aufeinander.

BEISPIEL: WENN ES BIS MORGEN NICHT BESSER IST, RUFEN SIE NOCHMALS AN

Mitten in der Nacht wird ein Arzt zu Hause mit einem Wasserrohrbruch konfrontiert. Er ruft seinen Haus-Installateur an und bittet diesen verzweifelt, so rasch wie möglich zu kommen. Nach langem Hin und Her kommt dieser schlaftrunken vorbei. Er begutachtet den Keller, der gänzlich unter Wasser steht. Der Installateur streicht sich in Gedanken versunken über die Glatze, nimmt zwei Dichtungsringe aus seinem Werkzeugkoffer, wirft sie in den Keller und meint: »Wenn es bis morgen nicht besser ist, rufen Sie nochmals an.«

Warum persönlicher Einsatz die Erfolgsformel ist

Machen wir es uns oft nicht allzu einfach? Bekämpfen wir wirklich die Ursache? Manchmal tut eine kritische Selbstanalyse gut. Persönlicher Einsatz heißt die Erfolgsformel der Zukunft. Patchwork-Marketing ist endgültig out. Wie sollen wir von den Besten lernen, wenn wir selber die Besten sein wollen? Gute Frage. Haben Sie auch eine gute Antwort darauf?

Aber zurück zur Sache: Ich kann mir nur wünschen, dass künftig mehr in Erwartungshaltungen und Kundennutzen investiert wird und nicht nur in große Versprechungen. Bei denen ist es sowieso manchmal besser, wenn sie erst gar nicht in Erfüllung gehen.

BEISPIEL: DU HAST DREI WÜNSCHE FREI

Einem hart arbeitenden Bauern erscheint eine Fee. »Du hast drei Wünsche frei«, verspricht sie ihm. Der Bauer kann sein Glück kaum fassen. »Ich möchte so gerne ein Prinz sein«, rutscht es aus seinem Mund und – wusch – steht er schon im feinen Zwirn auf dem Feld. »Wow«, meint er und wünscht sich folgerichtig das Schloss dazu. Die Fee hebt ihren Zauberstab und schon steht er in einem reich ausgeschmückten Saal eines riesigen Schlosses. »Gibt's ja nicht. Fehlt mir nur noch eine wunderschöne Prinzessin.« Auch dieser Wunsch wird ihm gewährt. Eine traumhaft schöne Frau schreitet auf ihn zu. »Komm, Franz Ferdinand, wir müssen los, sonst kommen wir zu spät nach Sarajevo.«

Selbstverständlich enden im Marketing Versprechungen selten tödlich. Aber ich meine, alles hat seinen Sinn und seine

Berechtigung. Bei allem Tun ist – einzig und allein – die eigene Überzeugung entscheidend.

Mein Tipp: Welchen persönlichen Einsatz können Sie bringen?

- Kann ich es verantworten?
- Habe ich schlaflose Nächte deswegen?
- Wie weit gehe ich für diese Idee oder diesen Auftrag?
- Wie groß ist das Risiko, mit meiner Marketingidee eine Erwartungshaltung aufzubauen, die ich nicht einlösen kann und die somit zu einer Enttäuschung führt?

Der Fall, dass Sie eine Marketingidee aufbauen, die Sie nicht einlösen können, darf keinesfalls eintreten. Denn enttäuschte Kunden erzählen ihr Negativerlebnis zehnfach weiter. Das kann sich heute schlicht niemand mehr leisten.

Prüfen Sie, ob Sie die Erwartungen erfüllen können

Darum meine Empfehlung: Wenn Sie Ihre Kernbotschaften definieren, beleuchten Sie auch die Kundenerwartungen, die Sie damit schüren. Bei risikoreichen Maßnahmen, und die braucht es manchmal, führen Sie auf jeden Fall einen Test durch. Wie reagieren Menschen auf Ihre Versprechungen? Danach lässt sich das Risiko viel klarer einschätzen. Ziel muss es immer sein, die bei den Kunden geschürte Erwartungshaltung auch tatsächlich zu erfüllen. Dadurch erreichen Sie eines der höchsten Güter in Verdrängungsmärkten: Kundenzufriedenheit und damit letztlich auch Kundenbindung.

Herausforderung 1: Was Big Data für das Marke-ting bedeutet

Führt Big Data nur zu Big Confusion? Mit welchen Herausforderungen muss der Handel rechnen, sowohl online als auch stationär? Die Vorteile von Big Data sind nicht von der Hand zu weisen. Dank der Auswertung von großen, digitalen Datenmengen wissen wir heute mehr denn je, wer unsere Kunden sind, wie lange sie sich mit unserer Marke befassen, auf welche Suchwörter sie anspringen und wie es um die Click Conversion Rates steht. Die Datenanalysen helfen uns auch, Konsumenten mit individualisierten Verkaufsempfehlungen zu Zusatzkäufen zu inspirieren. Kurzum: Big Data hilft uns, Kommunikationsmaßnahmen und -inhalte zunehmend zielgruppenspezifischer zu produzieren.

Doch ist Big Data darum der große Heilsbringer? Bei aller Euphorie sollten einige wichtige Aspekte beachtet bzw. hinterfragt werden. Das werde ich im Folgenden tun.

Informationsflut managen

Früher hatte ich die Sorge, es könnte eine wichtige Information an mir vorbeigehen. Heute habe ich verstanden: Mut zur Lücke! Nur so ist es möglich, mit der Flut an Informationen zurechtzukommen. Leider sind die wichtigen Informationen nicht mit

»Ich bin relevant – bitte lies mich!« gekennzeichnet. Marketingverantwortliche sollten lernen, wie sie die relevanten Daten herausfiltern können. Das ist die große Kunst! Und nicht nur das, es geht auch darum, die als relevant erkannten Daten zu verknüpfen und die richtigen Schlüsse daraus zu ziehen. Klingt einfach, ist es aber nicht.

Fehlerhafte Kundenprofilierung

Big Data hilft zwar einerseits dabei, Kunden zu profilieren, andererseits behindern uns zuweilen die Tücken der Technik. Beispielsweise bei der fatalen Verkoppelungsgefahr der Datensätze. Suche ich nach einer Yamaha für eine Motorradtour, sehe ich kurz darauf Infos zu Musikinstrumenten. Seit meine Frau für ihre Mutter ein Haftmittel für dritte Zähne geordert hat, ist sie digital in Sekundenschnelle um Jahrzehnte gealtert und ins entsprechende Zielgruppensegment gerutscht. Genau wie mich das Netz neuerdings als Katzenbesitzer anspricht, weil ich in der Ferienabwesenheit meines Nachbars nach seinem Vierbeiner geschaut und das entsprechende Futter geordert habe. Ist Big Data deswegen »für die Katz«? Manchmal ja.

Als Buchautor fühlt man sich natürlich geschmeichelt, wenn auf der eigenen Workstation laufend Banner zu »Kunstfehler im Marketing« ausgeliefert werden oder Newsletter mit Kaufempfehlungen für »Patient Marke« in meinem Postfach liegen. Das System kann nicht unterscheiden, dass ein Autor sein eigenes Buch häufiger sucht als ein anderer. Brenzlig wird es dann, wenn Ihre Personal-Care-Waage die Meldung »Sorry, wir haben dich nicht erkannt« per App anzeigt – ob das mit einer anderen Gewichtsklasse zu tun hat, überlasse ich der Interpretation des Lesers.

Datenschutz ade

Was über viele Jahre an Datenschutz erkämpft wurde, geht gerade locker flockig den Bach runter – ohne dass es viele Menschen zu stören scheint. Daten unseres Onlineverhaltens werden nicht einfach nur gesammelt, sondern mittels künstlicher Intelligenz wird versucht, daraus Rückschlüsse auf unser Leben und Verhalten zu ziehen. Doch die Prognosen können problematisch sein.

Dass heute wohl kein Flugzeugpassagier mehr den gleichen Tarif bezahlt wie sein Sitznachbar, widerspricht zwar einer vielleicht etwas veralteten, demokratischen Geisteshaltung, doch daran haben wir uns längst gewöhnt. Wenn Sie von Ihrer privaten Krankenkasse aufgrund von Algorithmen und Wahrscheinlichkeitsrechnungen als Träger einer Erbkrankheit eingestuft werden (mit entsprechend höheren Prämien), wenn Ihre Bank Ihnen keinen Kredit gewährt, weil Sie unter anderem in einer Gegend wohnen, wo es den einen oder anderen säumigen Zahler zu viel gibt, oder wenn Sie trotz bester Qualifikationen nicht zum Vorstellungsgespräch eingeladen werden, sollte Sie die geheime Datensammlerei zumindest vorsichtig stimmen.

Herausforderung 2: Wie sich der stationäre Handel behaupten kann

Verallgemeinerungen dienen, wie immer, nicht der Sache und bleiben auch zu oberflächlich. Denn erstens ist Big Data für reine Onlineshops quasi die Lebensader – oder das, was dem Fachgeschäft die Erfahrung mit seiner Laufkundschaft ist. Und zweitens ist es ein Appell, Menschen als Faktor nicht zu unterschätzen – in der Auswertung, aber auch hinsichtlich des (Kauf-) Verhaltens.

Absprungrate – Einkaufskorb vor der Kasse

Für Anbieter, die ihre Verkaufskanäle analog wie digital pflegen, sehe ich jedoch die Notwendigkeit, in Offlinebeziehungen zu investieren – weil sich die Onlinequalität des Zwischenmenschlichen nicht annähernd adäquat verhält. So beträgt die Absprungrate bei Onlineshops gerne mal bis zu 80 Prozent.

BEISPIEL

Sie sind in Ihrem Supermarkt. Da wandeln die Kunden durch den Laden, füllen fröhlich die Einkaufswagen, um sie dann mir nichts, dir nichts vor der Kasse stehen zu lassen. Schöne Bescherung. Oder stellen Sie sich vor, es gäbe keine »Frust- oder Heißhunger-Schokolade« mehr – das kann kein Onlineshop bieten.

In der digitalen Welt muss diese Unordnung nicht aufgeräumt werden – hier wirkt sich das Nichtkaufen nur auf den entgangenen Umsatz aus. Was zeigt: Die digitale Welt ist eben unverbindlicher.

Beziehungsqualität – was sind Likes in der Realität?

Und das genau ist der Punkt, denn das Icon für »Daumen hoch« ist online schnell verteilt, wie folgendes von mir praktizierte Lehrbeispiel zeigt.

BEISPIEL: REALE LIKES VERTEILEN?

Wenn die Augenlider der Studierenden auf halbmast zu sinken drohen, verteile ich als Dozent an verschiedenen Hochschulen »I like«-Stempel mit folgender Aufgabe: Gehen Sie durch das Lehrgebäude und stempeln Sie alles, was Ihnen gefällt. Die Telefonistin am Empfang, den Menüplan der Mensa, das Cabrio in der Tiefgarage und die freundliche Bedienung der Cafeteria. Die erstaunten Blicke der Studierenden sprechen Bände. Das geht doch nicht! Das schaut doch blöd aus! Das ist nicht Ihr Ernst!? So lauten die spontanen Kommentare.

Die Erleichterung ist dann groß, wenn ich den Sinn der Übung erkläre: Denn tatsächlich tut man sich in der realen Welt etwas schwerer damit, Likes zu verteilen, weil man ja auch etwas ehrlicher (mit sich selbst) ist. Digital sagt man dies und das. Im Alltag macht man es dann doch anders. Das relativiert Big Data.

Wer Menschen in die Augen blickt, wer Kunden emotional zu binden und mit herausragendem Service zu begeistern vermag, strickt eine Beziehungsqualität, die digital nicht zu erreichen ist. Daraus resultieren höhere Loyalität und geringere Preissensitivität – und das ist das Gleiche, was Big Data, wie zuvor beschrieben, ebenfalls zu erzielen versucht. Allerdings tun Sie das offline mit einem ganz anderen – nämlich geringeren – technologischen und finanziellen Aufwand. Also: Investieren Sie in Offlinebeziehungen. Die halten länger als digitale Likes.

To-do: Wo setzen Sie Ihre Likes im stationären Laden?

Stellen Sie sich die Fragen: Wo setzen Sie Ihre Likes im stationären Laden? Sind Sie Gastgeber für Ihre Kunden oder sperren morgens einfach nur einen Laden auf und abends wieder zu? Sind Sie für Ihre Kunden da, wenn Sie gebraucht werden? Sind Ihre Öffnungszeiten noch zeitgemäß oder seit Jahren gleich? Kennen Sie die Anzahl der Kunden pro Tag in Ihrem Geschäft?

In der digitalen Welt sind die Dinge verzerrt. Sie stellen sich auf 17 Zoll anders dar als in Wirklichkeit. Elektrogeräte wirken bedrohlich groß im Onlineshop und vom Postboten zugestellt, sehen sie nach Puppenstube aus.

Service am Kunden

Natürlich ist es verführerisch, auf Big Data zu setzen. Denn Hand aufs Herz: Es scheint Sie vordergründig von der mühsamen Basisarbeit am Point of Sale (POS) zu verschonen. Sich nämlich mit den Kunden auseinanderzusetzen, mit ihnen zu reden, ihre Bedürfnisse herauszuhören. Diese Arbeit ist eh zu teuer, nicht? Ich meine: Diese Arbeit kommt uns nur teuer zu stehen, wenn sie nicht richtig gemacht wird.

BEISPIEL: BAUMARKT

Im Baumarkt scheint David Copperfield persönlich zu bedienen. Denn betritt man die Hallen, sind die vielen Shirts mit der Aufschrift »Wir sind für Sie da« nicht zu übersehen. Braucht man aber das Personal, ist es wie vom Erdboden verschluckt.

Genau da vergeben viele Geschäfte ihre Vorteile: beim Service am Kunden. Denn vergessen wir nicht, online ist eindimensional, offline dagegen dreidimensional. Hier lässt sich die Ware begreifen, betasten, berühren, ausprobieren. Wenn Service, Sympathie und Einkaufserlebnis stimmen, dann bevorzugen Menschen diesen Kanal, selbst wenn er etwas teurer ist. Weil Menschen eben doch mehr unter die Haut gehen als Maschinen.

Reklamation

Online sind die Kaufwege zwar kürzer, nämlich – salopp gesagt – nur geschätzte 60 cm vom Zielpublikum bis zum Bildschirm. Im Garantiefall verlängern die Wege sich jedoch zu Meilen. Was ich damit meine, erklärt das folgende Erlebnis.

BEISPIEL: ÜBERQUERUNG DER CHINESISCHEN MAUER

Mein Sohn hat neulich ein Gadget Online erworben. Zwei Wochen später gab das Teil, Made in China, den Geist auf. Was nun? Reklamation, ja klar. Nur diese abzuwickeln war unheimlich schwierig. Die Chinesische Mauer zu überqueren ist dagegen ein munterer Frühmorgensport. Sprach- und Logistikprobleme sind kaum zu überwinden. Resultat: In diesem Onlineshop wird man Familie Frick nicht mehr finden.

Und hier erkenne ich ein Potenzial: In der realen Welt können Reklamationen gut und gerne in ein positives Kauferlebnis umgewandelt werden, wenn kulant, kompetent, schnell und sympathisch reagiert wird. Weshalb ich es nicht verstehe, wenn Marketingleiter ihr Heil nur noch im Aufbau von Big Data und im Abbau von Personal- und Servicekosten sehen. Denn so viel steht für mich fest: Wenn der Offlinehandel seine Hausaufgaben macht und keine Aushöhlung seiner charakteristischen Stärken betreibt, ist ein sinnvolles Nebeneinander mit der digitalen Welt durchaus möglich.

Preiseffizienz – Erst kommt das Fressen, dann die Moral

Hinter Big Data steckt ein ökonomisches Interesse, das plakativ zusammengefasst lautet: Den höchstmöglichen Preis, den Konsumenten gerade noch akzeptieren, zu erzielen. Diese Preiseffizienz klingt natürlich verführerisch und es gibt ja Erfolgsbeispiele zuhauf. Mittlerweile inspiriert dieses Modell selbst einen Schweizer Einzelhändler dazu, seine Äpfel, Birnen und Pasta online mit individualisierten Preisen verkaufen zu wollen.

Big Data liefert dazu die nötigen Informationen. Wenn Sie also in der falschen Gegend, zur falschen Zeit oder vom falschen Gerät aus bestellen, müssen Sie tiefer in die Geldbörse greifen.

Nun lässt sich darüber streiten, ob das clever ist oder einfach nur Abzockerei. Für mich stellt sich jedoch insbesondere die Frage der Verhältnismäßigkeit. Wie viel Aufwand wird betrieben, um an Zahlen zu gelangen, die uns virtuelle Werte liefern, die Zielgruppe, sprich den Menschen in seinem eigenwilligen und manchmal widersprüchlichen Verhalten dahinter, aber vergessen? Ist es nicht vielmehr so, wie es der folgende Dreizeiler beschreibt?

Man sucht die berühmte Nadel im Heuhaufen.
Nur, es wird immer mehr Heu.
Die Nadel aber wird deswegen nicht größer.

Ob mit oder ohne Big Data, eines ist für mich klar: Nur, wer das Geschäft mit Fingerspitzengefühl beherrscht, sprich sachliche Informationen mit den richtigen Emotionen zu mischen vermag, wird langfristig erfolgreich sein. Oder anders gesagt: Auch Big Data befreit uns nicht von der Basisarbeit im Marketing, nämlich mit unseren Kunden zu reden, ihre Bedürfnisse herauszuhören. Womit ich auch an die Selbstregulierung durch ethisch-moralisch vertretbares Handeln appelliere: Denn ich bin überzeugt, dass Konsumenten – wenn sie durchschauen, dass sie schamlos wie Zitronen ausgepresst werden – diesen Anbietern die Rechnung gleich doppelt und dreifach durch Empfehlungsmarketing im negativen Sinne präsentieren. Das heißt heute natürlich »Shitstorm«, der Effekt ist der Gleiche: weg vom Fenster, weg vom Markt.

Newsletter – Mit Kunden reden

Inflationäre NEWS-Letter tragen ihr Übriges dazu bei. NEWS im Sinne von »Nicht Ein Wort Stimmt«. Kunden werden mit Halbwahrheiten bombardiert, die Posteingänge zugetextet. Nur, weil diese Art von Briefen nicht frankiert werden muss, heißt es noch lange nicht, dass sie in Bausch und Bogen verschickt werden sollten. Lieber Klasse statt Masse und nicht umgekehrt. Hier sehe ich großen Handlungsbedarf, um den digitalen Wahnsinn eindämmen zu können.

Soziale Verantwortung

Neulich referierte ich bei einer Veranstaltung einer Bank über das Thema »Warum Kunden kaufen«. Meine Botschaft war eindeutig: Kaufen Sie online so viel Sie wollen. Schreien Sie vor Glück, bis auch Ihre Nachbarn wissen, woher die Schuhe kommen. Aber dann, bitte schön, bieten Sie das volle Programm: Rufen Sie dort auch an und fragen Sie nach einer Spende für Ihren Verein, drängen Sie auch dort auf eine Lehrstelle für Sohn oder Tochter. Spätestens dann werden Sie merken, dass soziale Verantwortung nur offline und um die Ecke gespielt werden kann. Also, kaufen Sie vor Ort. Dieses Bewusstsein gilt es bei Käufern zu schärfen.

Auch wenn wir eines nicht wegdiskutieren können: Ist am Ende des Geldes noch Monat übrig, zählt nur der Preis. Und da ist der Onlinehandel nun mal im Vorteil: sieben Tage geöffnet, kaum Personalkosten und die Kunden machen die Arbeit sogar noch selbst. Sie bedienen sich selbst, sie registrieren sich selbst, sie veranlassen die Bezahlung.

Mein Tipp

Ein verlorener Kampf für den klassischen Handel also? Keineswegs. Aber keiner, der sich nur mit Big Data gewinnen lässt. Denn Big Data mag wertvolle Rückschlüsse zum Kundenverhalten geben, die Marketingarbeit aber nimmt Ihnen Big Data nicht ab. Nicht umsonst argumentieren die Onlinegurus mit der »Reichweite« – für mich das Synonym für »ein weiter Weg, um reich zu werden«.

Was mich zum Fazit bringt: Wir sollten nicht alles glauben, was wir denken – und denken Sie nicht, Big Data sei die Lösung für alle unsere Marketingprobleme.

Nicht jeder Trend ist trendig

Hüten Sie sich davor, jeden Trend mitzumachen. Erstens kommen und gehen Trends täglich. Und zweitens sind sie nicht selten widersprüchlich. Stellen Sie sich folgende Fragen:

- Welche Trends sind für Ihre Marke relevant?
- Welche Trends verfolgen Sie?
- Und wie viele Trends möchte ich?

Mein Tipp: Starkes Markenbewusstsein ausbilden

Passen Sie auf, dass Sie vor lauter Pilotprojekten keine Airline gründen. Statt defizitären Denkens ist ein starkes Markenbewusstsein gefragt. Wer genau weiß, was seine Marke kann und will, kann besser beurteilen, ob ein Trend zur Marke passt und verfolgt werden soll.

Treffsicheres Marketing – 10 Erfolgsgaranten

Hier finden Sie meine 10 Erfolgsgaranten, wie Sie die häufigsten Kunstfehler im Marketing vermeiden und ein treffsicheres Marketing entwickeln. Das Schöne am Leben ist, dass man nicht nur älter wird. Mit den grauen Haaren kommen Erlebnisse, die uns, wenn auch nicht zwingend weiser, so doch erfahrener lassen werden. Und das macht die Herausforderungen, die wir als Marketingleiter heute zu meistern haben, ein kleines bisschen einfacher. So hat mich die Führung und Betreuung von mittlerweile über 30 Marken viel gelehrt.

Lesen Sie in diesem Kapitel u. a.:

- welche persönlichen Thesen ich aus meiner Erfahrung aus »Bad« bzw. »Best Practice« entwickelt habe,
- wie erfolgreiches Marketing funktioniert und
- wie Kunstfehler im Marketing zu vermeiden sind.

Grundlage: Am Puls der Zeit die Marktbedingungen nutzen

Neben den rein fachlichen Erkenntnissen gab es ein weiteres Element, das für mich von größter Bedeutung war. Während meiner nun schon 30-jährigen Laufbahn arbeitete ich stets mit jungen Fachleuten zusammen. Ihre Euphorie und Begeisterungsfähigkeit hielten mich jung, sie forderten mich aber auch stets heraus, indem sie mich mit neuen Trends und Entwicklungen konfrontierten.

Das ist zentral, denn die gesamte Gesellschaft folgt diesen Strömungen, wenn auch zeitlich verzögert und inhaltlich abgeschwächt. Dem Diktat der Jugend können wir uns in einem Zeitalter, in dem sich 60-Jährige so verhalten wie 40-Jährige, nicht entziehen.

Zwischen Neueinsteigern und Routiniers gibt es also durchaus ein Geben und Nehmen.

Das hat mich auch dazu veranlasst, mein Wissen als Referent an einschlägigen Schulen weiterzugeben. Nicht, dass ich an Sie appelliere, unbedingt eine Lehrtätigkeit aufzunehmen. Doch ohne Wenn und Aber bin ich ein großer Verfechter des generationenübergreifenden Austauschs. Weshalb ich auch nicht verstehe, wieso manche meiner Kollegen die jungen Menschen, die ins Marketing strömen, mit einer gewissen Herablassung behandeln.

Nutzen Sie die Rahmenbedingung des Markts

Was aber macht nun eine Marke erfolgreich? Nun, neben all den Werkzeugen, die uns bei der Markenführung zur Verfügung stehen, spielen die Rahmenbedingungen der Märkte stets eine wesentliche Rolle. Diese können wir zwar selten verändern, doch wir können sie zu unseren Zwecken interpretieren.

BEISPIEL: PROHIBITION

Ein etwas überspitztes Beispiel dazu ist die Alkohol-Prohibition in den USA. Das Verbot schuf eine Nachfrage und einen Markt, der zwar nicht legal, aber sehr marktwirtschaftlich war.

Nicht, dass ich Al Capones Auffassung von Wirtschaftsethik teile, aber das Beispiel zeigt auf sehr plakative Weise, dass sich

1. Märkte und Konsumenten nicht vorschreiben lassen, wie sie sich zu verhalten haben.
2. Rahmenbedingungen stets Einschränkung und Chance für neue Geschäftsmodelle sein können.

Wie Sie also mit den sich laufend verändernden Rahmenbedingungen umgehen, ist ganz Ihre Sache. Meine Empfehlung lautet jedoch: Lamentieren Sie nicht, suchen Sie lieber nach Potenzial! Anders als die Rahmenbedingungen können Sie Ihre Marke jedoch ganz entscheidend führen. Und dabei können Ihnen meine zehn Thesen ebenso entscheidend helfen. Sehen Sie selbst.

Erfolgsgarant 1: Ecken Sie an und beziehen Sie Position

Ist ein Unternehmen falsch positioniert, kann es noch so eifrig wirtschaften, es wird immer im Konkurs enden – oder allenfalls in einem Joint Venture. Die Presse wird dann schreiben: »Das Unternehmen hat seine Kunden nicht erreicht.« Das trifft es jedoch nicht so ganz. Tatsächlich lautet die Lehre: Erfolg beginnt mit der richtigen Positionierung. Das ist wie im wirklichen Leben. Auch wir Menschen müssen Position beziehen, sonst werden wir zwar nie anecken, aber auch keine Freunde gewinnen. Halten Sie sich die erfolgreichen Unternehmer der vergangenen Jahre vor Augen und Sie werden sehen, dass es sich durchwegs um Frauen und Männer handelt, die sich nicht davor scheuten, Position zu beziehen.

Auch wenn sich manche mit Aussagen wie »Es wird nie eine Software geben, die mehr als 640 KB benötigt« gehörig in die Nesseln setzten – in diesem Fall Bill Gates höchstpersönlich –, mit ihrem markigen Auftreten blieben sie in den Köpfen von Kunden und Anlegern haften. Genau davor aber scheuen sich viele Unternehmen. Schlimmer noch: Aufgehalten von der täglichen Hektik wissen sie nicht einmal, wofür sie und ihre Produkte eigentlich stehen.

Da sollte man sich ernsthaft einige Fragen stellen: Was kann man besonders gut? Wie positioniert sich das Unternehmen im Vergleich mit den Mitbewerbern? Wie in den Köpfen der Verbraucher? Das Beispiel eines Anti-Schuppen-Shampoos zeigt, worauf ich hinauswill.

BEISPIEL: ES IST SAUTEUER, ABER ES WIRKT

Der Hersteller sah sich in einem extrem dynamischen Markt mit einem austauschbaren Produkt konfrontiert, das noch mehr als das der Konkurrenz kostete. Nach eingehender Analyse entschied man sich für eine Vorwärtsstrategie. »Es ist sauteuer, aber es wirkt«, wurde als Slogan etabliert. Eine klare Positionierung, denn damit bekannte man sich zwar dazu, teuer zu sein, aber man vermittelte den Kunden die Gewissheit, dass es immerhin funktioniert. Nicht weniger wollen die von Schuppen betroffenen Menschen wissen. Und: Sie kauften!

Der Erfolg lag also in einer klaren Positionierung, die stets im direkten Kontext des Logos kommuniziert wurde. So entsteht ein Markenbild, das sich in den Köpfen der Konsumenten festsetzt und auf das sie sich verlassen können.

Erfolgsgarant 2: Jagen Sie nie zwei Hasen gleichzeitig

Die prägnanteste Positionierung nützt nichts, wenn die Zielgruppe falsch oder zu unscharf definiert ist. Letztlich hat auch das mit Positionierung zu tun. Schauen wir uns die Zielgruppendefinition an. Häufig wird der Fehler gemacht, dass lediglich nach der Größe der Zielgruppe geschielt wird. Man will ja schließlich Masse generieren. Nur ist diese Masse vielleicht nicht das richtige Publikum für Ihr Produkt.

Die folgenden Fragen sind daher die richtigen zur Präzisierung der Zielgruppe. Und die exakte Beantwortung trägt maßgeblich zu Ihrem Erfolg bei.

- Welches Problem hat die Zielgruppe heute?
- Wie löst die Zielgruppe dieses Problem?
- Wie soll mein Produkt die Problemlösung verbessern?
- Wo kann die Zielgruppe mein Produkt kaufen?
- Wie gelange ich an eine Zielgruppe des Vertriebskanals?
- Wie kann ich sie am schnellsten ansprechen?

Beherzigen Sie stets den Ratschlag von Bismarck: »Jage nie zwei Hasen gleichzeitig.« Konzentrieren Sie sich auf die größte und erfolgversprechendste Zielgruppe, nicht auf die größtmögliche.

Erfolgsgarant 3: Schlüpfen Sie in die Schuhe der Kunden

Konsumenten kaufen keine Produkte, sondern Lösungen. Umso wichtiger ist es, dass Sie mit Ihrer Marke ein relevantes Problem Ihrer Kunden lösen. Machen Sie genau das Problem und Ihre Lösung zum Thema Ihrer Kommunikation. Mein Tipp lautet: Schärfen Sie Ihren Blick, achten Sie darauf, was andere Anbieter auf Ihren Verpackungen anpreisen. Da werden Sie vieles entdecken, das komplett irrelevant ist.

BEISPIEL: DER GESCHMACK DER EISTEETRINKER

Marktforscher haben herausgefunden, dass Eisteetrinker keinerlei Wert darauflegen, ob sie frischen Tee, echten Tee oder ein Konzentrat trinken. Der Geschmack allein zählt. Wenn ein Produzent seinen Eistee mit dem Claim »Frische Zutaten« bewirbt, wird ihn das allenfalls von den Mitkonkurrenten abheben. Käufer wird es nicht interessieren und der Eistee im Regal stehen bleiben.

Das übrigens ist ein weitverbreitetes Problem. Viele Firmen stürzen sich auf ein Differenzierungsmerkmal, ohne seine Relevanz für die Endkunden zu hinterfragen. Viele sind »betriebsblind«, sind auf bestimmte Entwicklungen oder Innovationen so stolz, dass sie den Außenblick vernachlässigen, also die Frage, wie relevant eine bestimmte Information für die Endkunden ist, erst gar nicht in Erwägung ziehen. Darum sollten Marketingverantwortliche spätestens am Ende des Tages immer in die Schuhe der Konsumenten schlüpfen und das eigene Angebot aus der Sicht des Marktes reflektieren.

Erfolgsgarant 4: Brechen Sie Regeln, machen Sie den Unterschied

Zugegeben, die amerikanische Lösung »Differentiate or Die« klingt nach Wildwestmentalität. Die allerdings charakterisiert die gegenwärtige Marktstimmung recht treffend. Denn heute wird ganz im Stil von »Wer zuerst schießt, hat mehr vom Leben« gehandelt. Was dabei herauskommt, ist so erschreckend wie wenig überraschend: Immer mehr Produkte, die sich immer stärker gleichen, und immer mehr Anbieter, die mit der gleichen, generischen Werbung auftreten.

Etwas, das ich übrigens meinen Studenten gerne vor Augen führe, wohlgemerkt ganz zu meinem Amüsement. So zeige ich ihnen gerne Slogans und Anzeigen samt Claims, aber ohne Logos. Siehe da: Sie erkennen häufig zwar die Branche, für die geworben wird, nicht aber die Anbieter, was in letzter Konsequenz nichts anderes heißt, als dass viele Firmen Werbung für ihre Konkurrenz betreiben.

In Sachen Differenzierung ist denn auch festzustellen, dass die sogenannten »Rule Breakers«, also Unternehmen, die gängige Erfolgsmodelle ihrer Branche hinterfragen und durchbrechen, proportional zu ihrem Mut stärker wahrgenommen werden und letztlich auch mehr Erfolge feiern.

BEISPIEL

Ein Kosmetikunternehmen fand heraus, dass sich Frauen von den gertenschlanken Topmodels, wie sie gewöhnlich in den Beautymagazinen zu sehen sind, eher eingeschüchtert als angesprochen fühlen. »Wir wollen uns sehen, wie wir sind«, hieß die (wenig) überraschende Antwort. Kurz darauf wurde eine Kampagne lanciert, die Frauen aus dem echten Leben zeigte, mit kleinen Schönheitsfehlern, dem einen oder anderen Kilo zu viel oder mit unendlich vielen Sommersprossen. Der Markt reagierte darauf enorm positiv. Hier wurde eine gängige Branchenregel gebrochen und dadurch eine einmalige Positionierung erreicht.

Kompliment, wenn auch der nächste Schritt des Kosmetikunternehmens zwar mutig, aber ebenso erfolglos war. Für ein Produkt, das sich an ältere Semester wandte, ließ man eben diese

Zielgruppe nackt posieren. Aber so real wollten sich die älteren Damen dann doch nicht sehen. Die Kampagne wurde in der Folge nicht weiter forciert. Die Marke aber hatte eine Differenzierung im Markt erzielt, die noch heute nachklingt. Was uns lehrt: »Differentiate or Die«.

Erfolgsgarant 5: Seien Sie wirklich ehrlich

Viele Unternehmen kommunizieren schlicht und einfach zu wenig glaubwürdig. Es werden Aussagen in die Welt gesetzt, nur weil sie gut klingen, nicht weil sie zutreffen.

BEISPIEL: ZUSTELLUNGSQUALITÄT

Ein peinliches Beispiel dazu lieferte der österreichische Markt, als die Postzustellung liberalisiert wurde. Mit vergleichender Werbung versprach der Marktneuling eine bessere Zustellungsqualität als der ehemalige Staatsbetrieb. Klang gut, reizte aber den Platzhirsch so sehr, dass er es wissen wollte und eine Studie in Auftrag gab. Das Resultat publizierte er in übergroßen Anzeigen, was dem Neuling ein erhebliches Imageproblem bescherte. Peinlich eben, wenn Dinge behauptet werden, die nachweislich nicht stimmen. Wer so kommuniziert, handelt nicht nur grob fahrlässig, er erweist auch unserer Branche einen Bärendienst.

Wir reden hier nicht von Markenvertrauen, sondern wirklich von Treu und Glauben, vom Wahrheitsgehalt der Kommunikation. Manche Anbieter halten ihre Kunden zum Narren, indem sie Kleingedrucktes nutzen, um aus den großmäulig vorgetragenen Aktionen wieder herauszukommen. Wer aber glaubt, mit Aussagen wie »Das Sparangebot gilt nicht von Tag X bis Tag Y« ein gutes Renommee aufbauen zu können, sei gewarnt. Der

Markt übrigens wird langfristig eine noch viel brutalere Antwort geben. Ehrlichkeit währt eben doch am längsten.

Die Frage der Glaubwürdigkeit betrifft die Lebensmittelbranche in besonderem Maße. »Wir müssen wieder mehr Leben ins Lebensmittel bringen«, hieß vor nicht allzu langer Zeit die Forderung. Denn zwischenzeitlich übernahm die technische Machbarkeit das Steuer. Klar ist es faszinierend, wenn sich Orangensaft produzieren lässt, ohne dass dabei auch nur eine einzige Frucht Verwendung findet. Nur grenzt das an Täuschung der Kunden. Marken müssen offen und ehrlich kommunizieren und das Tricksen sein lassen. Umso mehr, da Konsumenten heute so ziemlich alles über Produkte, die sie kaufen, wissen wollen. Zudem haben sie mit dem Internet ein Instrument zur Hand, mit dem Täuschungen schneller aufgedeckt werden können, als es Herstellern lieb sein kann. Darum auch Hände weg von Pseudo-Qualitäts- oder -Biolabels!

Erfolgsgarant 6: Keep it short, stupid

Ballaststoffe sind wichtig für eine gut funktionierende Verdauung, nicht aber für Ihre Marke. Specken Sie kommunikativ ab, reduzieren Sie Ihre Botschaften auf den Kern der Sache: den entscheidenden Produktvorteil. Nur mit dem Mut zur Lücke lässt sich eine Marke prägnant positionieren. Zu häufig wird jedoch nach der eierlegenden Wollmilchsau gesucht. Rundum werden Botschaften ausgesandt, die den Kunden ein Sorglospaket verkaufen wollen. Das funktioniert nicht.

Generische Aussagen gehen in der täglichen Informationsflut gnadenlos unter. Sollten sie den Kontakt zu den Konsumenten wider Erwarten doch schaffen, bleiben Ihre Botschaft und Ihre Marke nicht in den Köpfen hängen, sie werden also gleich wieder vergessen. Dieser Trend der »Überhäufung« ist in Kommunikation und Packaging Design festzustellen. Wer sich nicht selbst stoppen kann und möglichst viele Dinge anpreisen möchte, wird insbesondere dann, wenn sein Produkt eher preisgünstig ist, unweigerlich auf die Skepsis der Käufer stoßen. Denn wo viel Leistung für wenig Geld zu haben ist, muss doch etwas faul sein.

Heute werden Inhalte meist nach dem DAU-Prinzip gestaltet: maßgeschneidert für den »dümmsten anzunehmenden User«.

Wir erinnern uns: Glaubwürdigkeit ist der Kern jeder erfolgreichen Botschaft. Wenn es um die Prägnanz in der Kommunikation geht, sollten Sie sich vom guten alten K.I.S.S.-Modell leiten lassen: »Keep it short and simple«. Oder wie Amerikaner sagen: »Keep it short, stupid«. Dann nämlich entstehen Botschaften, die sich die Kunden merken können.

Darum gilt: Je einfacher die Information, je plakativer eine Botschaft umgesetzt wird, desto größer ist die Chance, dass sie im Markt wahrgenommen wird und etwas bewegt.

Erfolgsgarant 7: Kommunizieren Sie überraschend dramatisch

BEISPIEL: SAISONALE ÜBERRASCHUNG

Neulich erhielt ich per Post einen Flyer ins Haus geschickt. »Jetzt Schneefräse Probe fahren«. Klingt lustig, erst recht, wenn Sie diese Zeilen nicht im Winter, sondern wie ich in der warmen Jahreszeit erhalten. Wie wollen die den Schnee simulieren? Schließlich will ich nicht nur ein Motorengeräusch hören. Kaufentscheidend bei einer Fräse sind hier doch Faktoren wie Auswurfweite, Auswurfwinkel oder Verstellbarkeit und vieles mehr.

Ich bezeichne diese Art von Kommunikation als »Null-Effizienz-Kommunikation«. Im vorangegangenen Beispiel war die Botschaft immerhin saisonal so überraschend, dass sie auffiel. Wenn dann aber ein Bedürfnis geweckt wird, das nicht eingelöst werden kann, entsteht eben genau dies: null Verkauf. Genau darum muss die Markenkommunikation stets den essenziellen USP oder UAP (also den tatsächlichen oder werberischen Vorteil eines Produkts) so überraschend dramatisieren, dass er in den Köpfen und noch besser in den Herzen der Zielgruppe in Erinnerung bleibt.

Denken Sie dabei stets: Bitte recht freundlich. Unterhalten Sie Ihr Publikum. Die Aussicht auf Unterhaltung ist der einzige Grund, warum jemand Werbung überhaupt über sich ergehen lässt. Spielen Sie mit großen Geschichten, haben Sie den Mut, ein Negativbeispiel zu zeigen, um die Produktvorteile zu inszenieren.

BEISPIEL: ZU SCHNELL FÜR DEN BLITZER

Ein Motorradhersteller sorgte in einem TV-Spot für einiges Gelächter. So ist ein Bauer zu sehen, der gemächlich auf seinem Traktor übers Land fährt. Plötzlich flitzt ein Motorradfahrer vorbei, überholt den Traktor und löst den Blitz des Radargeräts aus. Schnitt, das Foto wird eingeblendet. 161 km/h ist darauf zu lesen – und lediglich der verblüffte Bauer auf seinem Traktor zu sehen, denn der Motorradfahrer war so schnell, dass er bereits wieder außer Sichtweite war.

Der relevante Produktnutzen, in diesem Fall »Geschwindigkeit«, wurde hier so perfekt inszeniert, dass alle gleich wussten, worum es geht. Die relevante Zielgruppe hatte naturgemäß ihre wahre Freude daran. Aber nicht nur sie, denn ganz Österreich diskutierte den TV-Spot. Natürlich kontrovers, was sowieso die meisten Reaktionen auslöst. Zu guter Letzt zeichnete dann auch eine internationale Jury den Spot aus. Genau so funktioniert hervorragende Kommunikation. Vergessen Sie also langweilige Null-Botschaften und haben Sie den Mut zu Maßnahmen, die Spaß machen.

Erfolgsgarant 8: Geiz ist nicht geil

Ich bin ein bekennender Gegner der »Preisschiene«. Wer sein Produkt nämlich nur auf den Preis reduziert, hat sämtliche Imagefaktoren seiner Marke verspielt. Vergessen Sie nicht: Es gibt immer jemanden auf der Welt, der das gleiche Produkt noch billiger anbietet. Der Preiskrieg ist also nicht zu gewinnen. Weshalb Geiz, zumindest für Unternehmer, alles andere als geil ist.

BEISPIEL

Ich entdecke ein Wahnsinnsangebot: Einen Grill für nur 1 Euro. Das gibt's doch nicht! Klar will ich herausfinden, wo es den zu kaufen gibt. Siehe da: Es handelt sich um einen Einkaufswagen, unter dem ein Feuer brennt. Nun gut, das ist bei Open-Air-Festivals eine beliebte Grillversion, für den eigenen Garten bietet es aber weder eine spitzenmäßige Grillqualität noch ein begehrenswertes Lebensgefühl.

Sie wissen, worauf ich abziele: Das kurzfristige Preisdenken ruiniert langfristig jede Marke. Denn der Preis allein kann nicht die einzige Existenzberechtigung einer Marke sein. Spannend ist es übrigens, dass ein amerikanischer Sportartikelhersteller, der heute voll im Trend liegt, in den späten 80er-Jahren haarscharf am Ruin vorbeischlitterte, nur weil er seine Produkte über die »Preisschiene« anbot. Erst seit er seine Produkte wieder mit Lifestyle im Hochpreissegment etabliert hat, floriert das Unternehmen.

Darum mein Appell: Denken Sie daran, dass die gute alte Marketingformel »4P« nicht nur auf das eine P – den Preis – zu reduzieren ist.

Erfolgsgarant 9: Kongruenz von Marke und Produkt

Wenn Gegenstände, Mengen oder geometrische Objekte vergrößert werden und auch im neuen Maßstab die gleichen Strukturen wie im Anfangszustand aufweisen, spricht der Geometrielehrer von »Selbstähnlichkeit«. Ein Begriff, der im Marketing durchaus eine Berechtigung hat.

Dann nämlich, wenn der Markenauftritt so stringent über alle Vertriebskanäle oder Filialen angewendet wird, dass keine Diskrepanz die Kraft der Marke schwächen könnte. Damit das gelingt, muss ein Unternehmen seine Marke von der Philosophie über die Positionierung bis hin zum Corporate Behaviour klar definieren und ebenso konsequent handeln.

BEISPIEL: SKANDINAVISCHER MÖBELHERSTELLER

Ein skandinavischer Möbelhersteller lebt uns das in Perfektion vor. Farblich wie inhaltlich pflegt die Marke den Bezug zum Mutterland. Vom Shop-im-Shop-Konzept, das skandinavische Spezialitäten anbietet, bis hin zu Aktionen, die sich an nordischen Bräuchen orientieren. Und selbst der Standort der einzelnen Filialen wird nicht dem Zufall überlassen. Sie befinden sich ausnahmslos an Autobahnausfahrten. Für Möbeleinkäufer, die verständlicherweise meist mit dem Auto anreisen, also in bester Lage.

Diese Selbstähnlichkeit müssen auch Sie für Ihre Marke anstreben, egal, ob Ihr Produkt in einem oder in 5.000 Geschäften geführt wird. Für den Erfolg einer Marke ist es von zentraler Bedeutung, dass sie unmissverständlich von allen Kunden gleich wahrgenommen werden kann.

Erfolgsgarant 10: Stärken Sie die Aussage Ihrer Marke

Natürlich ist die Verlockung groß, gerade mit einer erfolgreichen Marke zu diversifizieren. Schließlich lassen sich damit ganz neue Zielgruppen und Märkte eröffnen und damit noch mehr Geld verdienen. Aber aufgepasst! Das Wichtigste, was eine erfolgreiche Marke auszeichnet, ist ihre Kontinuität. Nur dann weiß der Konsument, wofür die Marke steht.

BEISPIEL: PFLEGELINIE »FOR MEN«

Wenn ein Kosmetikhersteller eine Pflegelinie auch »For Men« anbietet, ist das durchaus eine sinnvolle Erweiterung. Spätestens aber, wenn der gleiche Anbieter WC-Papier mit dem identischen Logo anbietet, wird die Kernzielgruppe das Verkaufspersonal fragen, welches Produkt nun fürs Gesicht oder für den Po ist.

Kannibalisieren Sie Ihre Marke nicht mit Innovationen, die nichts mit dem Markenkern zu tun haben.

Deshalb ist es wichtig, dass Sie Ihre Hausaufgaben in Sachen Positionierung gemacht haben. Womit wir den Kreis geschlossen haben und wieder bei Erfolgsgarant 1 angelangt sind. Sie sehen, all diese Punkte spielen zusammen, stehen in einem direkten Zusammenhang, weshalb es so wichtig ist, dass sie in ihrer Gesamtheit befolgt werden.

Mein Tipp: Erfolgsgaranten konsequent anwenden

Wer die 10 Erfolgsgaranten in ihrer Gesamtheit konsequent anwendet, beschreitet in Sachen Markenführung den richtigen Weg und kann Kunstfehler, die eine Marke in ihrer Existenz bedrohen können, weitgehend reduzieren oder gar eliminieren.

Bekanntheit kann man kaufen, Attraktivität muss man sich erarbeiten

Zur Veranschaulichung gewisser Mechanismen bemühen wir im Marketing gerne die ganz großen Beispiele. Wenn es um Bekanntheit geht, lassen sich die Mechanismen aber auch recht schön anhand von Unternehmen aus dem Mikrokosmos der lokalen Wirtschaft demonstrieren – wie das folgende Beispiel zeigt.

BEISPIEL: EIN GESCHÄFT – EIN GESICHT

Ich bin im Auto unterwegs und fahre links ran. Angelockt von einer Imbissbude, deren Bekanntheitsgrad kaum über die Gemeindegrenze hinausreicht. Trotzdem, weil sie richtig positioniert ist, und das nicht nur geografisch, macht sie richtig Umsatz. An der Wand prangen Geldscheine aus aller Welt, das Plakat eines Fußballstars mit persönlicher Widmung und serviert wird, was es überall sonst auch gibt.

Was also macht den Unterschied zur Konkurrenz aus, an der die meisten vorbeifahren? Vielleicht ist es ja die hausgemachte Sauce tartare, zugegeben, die mag ich sehr, aber wahrscheinlich ist es der sympathische Kerl hinter dem Tresen, der seinem Geschäft ein Gesicht schenkt.

BEISPIEL: EIN GESCHÄFT – EIN GESICHT (FORTSETZUNG)

Wochen später, als ich wieder in der Gegend bin, freue ich mich schon auf die Sauce tartare und stelle mein Auto vor der Imbissbude ab. Was ich zu diesem Zeitpunkt noch nicht weiß: Mittlerweile hat sich der alte Pächter verabschiedet und ein Haus im warmen Süden bezogen. Hinter dem Herd steht jetzt ein neuer Inhaber. Von außen aber deutet nichts darauf hin. Gleicher Name, unveränderter Look. Erst als ich das Lokal betrete, erkenne ich den Unterschied. Der Fußballstar an der Wand ist verschwunden, genau wie die großartige Sauce tartare.

Die Enttäuschung ist groß, genau wie die Lehre aus diesem Beispiel: Der neue Pächter wusste um die große Beliebtheit seines Vorgängers. Folgerichtig wollte er von dessen Bekanntheit und Imagetransfer profitieren und behielt den Namen bei. Damit aber schürte er eine Erwartungshaltung, die er nicht erfüllen konnte. Dies obschon die Brötchen vom gleichen Bäcker, das Fleisch vom gleichen Metzger geliefert wurden. Trotzdem: Es war einfach nicht dasselbe. Besser also, er hätte neu angefangen, eine neue Marke kreiert. Ich hätte zwar dem alten Tatar-Meister nachgetrauert, aber ihm hätte ich eine faire Chance gegeben. So jedoch werde ich hier kaum mehr einkehren.

Erfolg ist also keine Frage der Größe oder Tradition, vielmehr des persönlichen Auftritts. Gelingt es, ein attraktives Angebot zu gestalten und es sympathisch an den Mann und die Frau zu bringen, kommt die Bekanntheit automatisch. Man wächst also aus einer gesicherten Stärke heraus, die aus eigener Kraft kommt. Richtig gemacht, stellt sich die Möglichkeit schnell ein, Angebot und Fangemeinde auszubauen. Attraktivität aber lässt sich nicht pachten, Bekanntheit und Anziehungskraft lassen sich schon gar nicht transferieren.

Der eigene Weg ist der richtige Weg

Der neue Pächter hätte also besser seinen eigenen Weg gesucht, allenfalls Inserate und Plakate geschaltet. Bekanntheit kann man sich kaufen, Begehrtwerden bzw. Attraktivität jedoch nicht. Dazu ein weiteres Beispiel aus dem wirtschaftlichen Mikrokosmos.

BEISPIEL: DAS EISEN SUKZESSIVE BEARBEITEN

Eine kleine Buchhandlung in meiner Stadt. Die Buchhändlerin kennt meinen Beruf, verwickelt mich bei einem Bucheinkauf in ein Gespräch und will von mir wissen, wie sie denn um Himmelswillen in Zeiten der Onlineshops noch eine Chance haben soll. Ich erkundige mich freundlich nach dem Marketingbudget und höre: 500 Euro. Im Jahr, wohlgemerkt! Da lassen sich keine Stricke zerreißen, aber immerhin, gute Ideen müssen ja nicht die Welt kosten. Ich schlage vor, dass sie ihre Kunden zu einem Toscana-Abend einlädt, mit Wein, Häppchen und einer spannenden Lesung. All das kann schließlich die Onlinekonkurrenz nicht bieten. Gesagt, getan. 20 Besucher kommen, am Ende des Abends werden zwei Taschenbücher verkauft – und die Buchhändlerin sitzt enttäuscht im Geschäft.

Gelernt aber hat sie eine wichtige Lektion: Das Eisen lässt sich nur sukzessive bearbeiten, sprich: Führt sie die Reihe weiter und wird zu einer einladenden Gastgeberin, kann ihre Buchhandlung in ein, zwei Jahren zu einem angesagten Treffpunkt für Buchliebhaber werden. Aber eine Maßnahme allein wird die Anziehungskraft noch nicht ins Unermessliche steigern. Sicherheit und Bequemlichkeit sind dicke Freunde.

Dazu braucht es nicht nur das Talent und Können des Spielmachers, sondern auch Gruppenpsychologie. Verantwortliche müssen ihre Mitspieler überzeugen und begeistern, um sie aus dem gewohnten Rhythmus herauszureißen und angriffslustig zu stimmen.

Gefordert ist also neben Führungsqualität auch diplomatisches Gespür, um alle Beteiligten, vom Einkauf über den Vertrieb bis zu Buchhaltung und IT zu Verbündeten zu machen. Denn selbst der beste Steilpass landet im Aus, wenn keiner den genialen Spielzug antizipiert.

Das Diktat der Marke oder: Das Bessere ist der Feind des Guten

Wurde in früheren Marketingepochen vom Diktat der Produktion oder später vom Diktat der Technik gesprochen, so haben wir es heute mit dem Diktat der Marke zu tun. Waren früher Produktverbesserungen entscheidend, so gehört die Verbesserung heute schlicht zur Erwartung der Konsumenten, sie ist quasi die Existenzberechtigung des Produkts. Verbesserung allein reicht heute nicht mehr aus.

Menschen kaufen keine Produkte, sie kaufen Lösungen, zuweilen auch Lebensgefühl

Was heißt das für Sie heute? Es heißt, Sie müssen auch Ihre Marke so positionieren, dass sie gegenüber der Konkurrenz als die bessere Lösung erscheint. Aufgrund der Austauschbarkeit der Produkte und Dienstleistungen entscheiden am Point of Sale längst nicht mehr technische Vorzüge, sondern die im Kopf gespeicherten Markenbilder, mit denen Konsumenten durch die Welt und die Verkaufsgeschäfte ziehen.

> **Mein Tipp: Marke mit Ecken und Kanten**
>
> Haben Sie darum den Mut, eine Marke mit Ecken und Kanten zu etablieren. Eine Marke, die bewegt und die zum Freund der Konsumenten wird, weil sie deren Leben und Bedürfnisse besser versteht als alle anderen.

Gewinnung des öffentlichen Misstrauens

Manchem Marketingverantwortlichen wird diese Überschrift vielleicht bekannt vorkommen. Allen anderen sei das ähnlich lautende Standardwerk der Markentechnik empfohlen. Hans Domizlaff heißt der Autor, vor dem ich noch heute den Hut ziehe. In »Die Gewinnung des öffentlichen Vertrauens« hat er ohne Zweifel die wichtigsten Gesetzmäßigkeiten festgehalten. Der Kern des Buches ist in den 1930er-Jahren entstanden, weshalb ich mir erlaube, es hier aus heutiger Perspektive zu interpretieren.

Warenqualität als Basis

Nun gut, Warenqualität als Basis. Anno dazumal mag das ein entscheidender Faktor gewesen sein, um sich von der Konkurrenz abheben zu können. Wer heute einen Markenartikel in den Warenkorb legt, egal ob nun off- oder online, setzt Qualität voraus. Das ist eine Grundbedingung, so wie alle englisch zu sprechen haben, wenn sie sich in der großen, weiten Wirtschaftswelt bewegen möchten. Seien Sie also nicht allzu stolz, wenn Sie Ihr Produkt mit »Premium Quality« auszeichnen. Damit befriedigen Sie lediglich eine **grundlegende Anforderung zur Gewinnung des Kundenvertrauens**. Die einzige Schwierigkeit heute mag die unterschiedliche Definition und Wahrnehmung des Faktors Qualität sein. Tatsache ist: Heute muss ein Anbieter eine kontinuierlich gleichbleibende, hohe Qualität garantieren können, um überhaupt im Geschäft zu bleiben.

Preisen Sie den Tag nicht vor dem Abend

In den heutigen Verdrängungsmärkten geht es vielfach nur noch um den Preis. Oscar Wilde brachte es überraschend früh schon auf den Punkt: »Heutzutage kennt man von allem den Preis, von nichts den Wert«, schrieb er in »Das Bildnis des Dorian Gray«.

Ein weiteres Problem ist im Zeitdruck der Märkte auszumachen. Ganz im Sinne von »Wer zu spät kommt, den bestraft das Leben«, werden heute oft unausgereifte Produkte und Dienstleistungen auf den Markt geworfen. Die Optimierung erfolgt dann quasi in einer zweiten Produktgeneration. Dies drückt sich nicht zuletzt in den vielen Rückholaktionen aus, die mittlerweile zur Tagesordnung gehören und die uns auch renommierte Marken nicht ersparen.

Was belegt: Es wird immer schwieriger, dauerhaft Qualität zu garantieren. Zu viele Kompromisse werden mittlerweile in Sachen Entwicklungszeit und -kosten eingegangen.

Gute Markenführung erzeugt jedoch einen echten, spürbaren, erlebbaren Kundennutzen und Mehrwert. Nur dadurch grenzt sich eine Marke vom reinen Preiswettbewerb ab. Die einzige Ausnahme dabei bildet das Discountgeschäft. Dort, und nur dort funktioniert die Fokussierung auf einen möglichst tiefen Verkaufspreis. Es sei jedoch die Frage erlaubt, zu welchem Preis der Erfolg der Discounter zu haben ist – und wie lange noch? Oder anders gesagt, wer bezahlt eigentlich diese Zeche? Ist es nicht auffällig, dass die Betreiber von Hard-Discountern oft zu den reichsten Leuten im Land gehören, während Mitarbeitende und Lieferanten gezwungen sind, zu Minimalpreisen zu arbeiten und sich dabei erst noch in eine gefährliche Abhängigkeitsspirale begeben? Mich jedenfalls überrascht es nicht, dass gerade diese Discounter ganz oben im öffentlichen Misstrauen rangieren.

Abzocker oder Abrocker. Wem schenken wir unser Vertrauen?

Viele Unternehmen überlassen die Preisgestaltung dem Benchmark-Prinzip. »Schauen wir, was die Konkurrenz macht, und orientieren wir uns an diesem Preis.« Andere wiederum kalkulieren unscharf und wundern sich, wenn sie Verluste einfahren oder, noch schlimmer, in Konkurs gehen. Ganz nach dem Motto: »Dienen kommt vor Verdienen.« Da kann nicht gut gehen. Eine erbrachte Leistung hat ihren Preis und ihre Berechtigung. Dieses Selbstvertrauen sollte jeder Anbieter an den Tag legen. Natürlich, auf der anderen Seite gibt es Unternehmen, die mit ihrer Marke definitiv zu viel oder nur auf Kosten anderer verdienen.

Was ist nun korrekt, was ist zu verantworten? Zugegeben, das ist eine heikle und schwer zu beantwortende Frage. Ich persönlich bin der Überzeugung, dass ein Unternehmensziel erreicht ist, wenn die Rentabilität die Existenz und die Weiterentwicklung des Unternehmens gewährleistet und die Aktionäre in den Genuss einer branchenangemessenen Dividende kommen. Mehr braucht es nicht.

Wenn sich hingegen CEOs von Pharmakonzernen oder internationalen Bankinstitutionen Jahressaläre im zweistelligen Millionenbereich auszahlen lassen, ohne ihren Erfolg mit einer konkreten, langfristigen Rentabilität auszuweisen, und die Aktionäre dabei leer ausgehen, wird die öffentliche Diskussion sich zunehmend verschärfen. »Abzocker« denken sich dabei nicht mehr nur wirtschaftsfeindliche Systemkritiker, sondern immer mehr Arbeitende, die tagtäglich einen guten Job machen, aber bei den Lohnverhandlungen immer gedrückt werden. In der Schweiz wurde diesbezüglich sogar eine »Abzocker-Initiative« vors Volk gebracht. Was zeigt, wie groß der Unmut ist und dass auch Milliardengewinne von Großkonzernen ethisch und moralisch vertretbar und verantwortbar bleiben müssen.

Langfristig kann darum eine Marke das Vertrauen nur dann gewinnen, wenn sie fair kalkuliert. Konsumenten sind durchaus bereit, einen gewissen Preis zu bezahlen. Wenn sie sich aber betrogen fühlen, wird die Markentreue ein Ende finden, sobald eine brauchbare Alternative greifbar ist.

Die Gefährlichkeit lauter Reklame oder wie man richtig wirbt

Laut, lauter, unlauter. So klingt derzeit, könnte der geneigte Beobachter jedenfalls meinen, die Devise in der Kommunikation. Klar sind die Zeiten längst passé, als man Produkte noch mit einer rein sachlichen Argumentation unters Volk brachte. Das kauft einem heute niemand mehr ab. Emotionen sind gefordert. Viele denken, die gibt es nur, wenn lauter, schriller und provokativer geworben wird. Das Marktschreierprinzip also. Wie vertrauenswürdig die Berufsgattung der Übertreibung und lauten Worte jedoch ist, beurteilen Sie am besten selbst.

»Die anderen machen es ja auch so«, höre ich dann zuweilen, wenn ich Unternehmen auf den Wahrheitsgehalt ihrer Kommunikation anspreche. »Wer nicht auffällt, fällt in der täglichen Informationsflut durch.« Dass dabei Konsumenten getäuscht werden, scheinen Unternehmen wie selbstverständlich in Kauf zu nehmen. »Wenn es hart auf hart kommt, habe ich ja gute Anwälte im Rücken.« Will man so das Vertrauen der Kunden gewinnen, zu einem Love-Brand werden, dem man die Treue hält?

Mein Tipp: Hervorragende Unterhaltung

Für mich hat gute Werbung den Anspruch von hervorragender Unterhaltung. Sie überspitzt und dramatisiert den echten Kundennutzen und zeigt den Mehrwert so überraschend wie bestechend auf. Sie überzeugt durch Originalität und Authentizität, weshalb sie auch im Herzen der Konsumenten ankommt.

Geduld bringt Rosen

Ein neues Produkt wird lanciert. Wie ist es zu bewerben? Wie viel »Pull« erträgt ein wahres Markenprodukt? Meine Meinung und Erfahrung: Forcieren Sie nichts, suchen Sie nicht den kurzfristigen Erfolg mit der Brechstange. Geben Sie Ihren Kunden Zeit, Ihr Produkt oder Ihre Dienstleistung persönlich kennenzulernen. Nur, wenn sie emotional überzeugt, kann Ihre Marke auch langfristig die volle Anziehungskraft entfalten. Alles andere ist erzwungen und entspricht keiner natürlichen Konsumgewohnheit, weshalb es auch nicht funktioniert.

Mein Tipp: Der erste, gute Eindruck

Wecken Sie Motivation und Nachfrage durch Attraktivität und Bekanntheit und koppeln Sie diese mit den langfristigen Markenzielen. Schaffen Sie einen ersten, guten Eindruck, der sich multiplizieren lässt. Wie heißt es so schön: Für einen ersten Eindruck gibt es keine zweite Chance. Oder anders gesagt: Ist die Glaubwürdigkeit erst weg, gewinnt man sie kaum mehr wieder. Dies sollte bei der Markteinführung neuer Produkte dringend berücksichtigt werden.

Reizend, die Reizüberflutung – oder gehobenes Understatement

Die vornehme englische Art der Noblesse war einst das Erkennungsmerkmal wahrer Snobs. Vielleicht liegt darin der Grund, warum sie niemand mehr kennt. Heute wird alles mit Pauken und Trompeten, mit schnellen Schnitten im Musikvideostil verkauft. Aufmerksamkeit ist alles. Atemlos kommunizieren wir. Von Zurückhaltung und Würde keine Spur. Dass in diesem lauten Konzert der Selbstinszenierung gerade **Stil** und **Souveränität** herausstechen könnten, haben viele noch nicht bemerkt. Gut so, denn darum haben Marken mit »gehobenem Understatement« ein umso größeres Profilierungs- und Sympathiepotenzial.

Vergessen Sie nicht: Der **richtige Ton** prägt die Marke mehr, als Sie glauben. Aus diesem Grund sollten Tonalität, Stil und Form einer Marke möglichst präzis definiert und konsequent umgesetzt werden. Wieso ich für mehr Stil und mehr Vornehmheit plädiere? Weil damit eine wertvolle und nachhaltige Markenbotschaft plausibel vermittelt werden kann. Hand aufs Herz: Wer kann wahrem Stil und Charme schon widerstehen? Eben. **Setzen Sie darum auf wahre Reize und nicht auf Reizüberflutung.**

Gleich und gleich verkauft sich gern

Die strengste Gleichmäßigkeit der Beschaffenheit eines Produkts ist die wahre Lebensversicherung einer Marke. Das ist unzweifelhaft so, wird aber heute durch die »Just in Time«-Logistik praktisch verunmöglicht. Zudem werden die gewünschten Mengen der »Zutaten« heute nur noch selten von einem Lieferanten allein bezogen. Zu groß ist die Gefahr der Abhängigkeit, weshalb man die Problematik besser auf mehrere Schultern verlagert.

Das ist auf den ersten Blick ja sinnvoll, verursacht aber beim näheren Betrachten echte Probleme. Denn nun müssen mehrere Lieferanten die genauen Spezifikationen des Einkäufers strengstens einhalten. Das wiederum führt zu massiven Investitionen, die aufgrund der kleineren Mengen, die den Lieferanten nun zugeteilt werden, kaum mehr refinanzierbar sind.

Einkäufer dagegen halten so eine Preisspirale in der Hand, mit der sie Lieferanten unter Druck setzen und gegeneinander ausspielen können. Darin liegt eine gefährliche Entwicklung, die schon viele Unternehmen, insbesondere KMU, in den Konkurs getrieben hat, und die letztlich auch Markenartikler wieder gefährdet. Konsumenten dagegen bekommen davon kaum etwas mit.

Mein Tipp: Kleine Verkaufseinheiten

Die Verpackung suggeriert schließlich die Gleichförmigkeit der Warenbeschaffenheit. Die Verkaufseinheit wiederum ist wesentlich für das blinde Vertrauen. Je kleiner die Zahl der Verkaufseinheiten, desto stärker die Unverkennbarkeit der Marke.

Erzeugnis einer starken Persönlichkeit

Starke Marken genießen das öffentliche Vertrauen, weil wir alle wissen, wofür sie stehen. Eine starke Markenpersönlichkeit kommt nicht von ungefähr. Sie wird von charismatischen

Wirtschaftsführern geprägt, die der Marke ihren Stempel aufdrücken, und die den Mut besitzen, sich dem Diktat des Mainstreams zu entziehen.

Familienbetriebe genießen diesbezüglich den größten »Kopierschutz«, weil sie einfach sie selbst sein können, und weil sie sich hundertprozentig mit dem Unternehmen identifizieren. Auf der anderen Seite gehören Familienunternehmen, die in dritter Generation geleitet werden, zu den stark gefährdeten Kandidaten. Die Nachkommen haben entweder das Handwerk nicht gelernt, verlernt oder sind ungewollt in diese Rolle hineingedrängt worden.

Andere wiederum sind nur am Verkauf des Unternehmens interessiert, Identifikation gleich null also. Daraus kann keine starke Markenpersönlichkeit entstehen. So geht es auch in Unternehmen, die anonym, kühl und berechnend, aber ohne Emotionen geführt werden.

Mein Tipp: Mit Leidenschaft

Zeigen Sie Ecken und Kanten, seien Sie authentisch. Und vor allem: Machen Sie Ihren Job mit Leidenschaft. Das ist eine der wichtigsten Zutaten für eine erfolgreiche Marke.

Nennen Sie Ihr Kind beim Namen

Wenn Marketingverantwortliche nach neuen Produktnamen suchen, bedienen sie sich besonders gerne der Fantasie. Es mag ja sein, dass die enorme Masse an bestehenden Produkten uns dazu verleitet, einfach beliebige, gut klingende Wörter zu kombinieren, mit dem Nachteil allerdings, dass häufig fiktive Bezeichnungen entstehen, die weder Qualität, Essenz oder wenigstens Funktion eines Produktes kommunizieren. Anders gesagt: Allzu oft entstehen Produkte ohne »Seele« und ohne »Heimat«. In den Köpfen der Konsumenten aber ist schlicht zu wenig Platz, um sich Dinge zu merken, für die es keine Geschichte oder »Eselsbrücke« gibt.

Damit Ihr Produkt es auf die oberste Sprosse der Gedächtnisleiter schafft, muss es einen so passenden wie einzigartigen Namen tragen. Das ist genau wie bei den Menschen. Die Redewendung spricht nicht umsonst von Hinz und Kunz. Namen, die wir uns zwar merken können, aber die wir nicht mit Gesichtern verbinden.

Mein Tipp: Schon mit dem Namen Freude verbreiten

Haben Sie den Mut und nennen Sie Ihr Kind bei dem Namen, der Freude macht, der sanft und schnell über die Lippen kommt, und der mit einer Geschichte verknüpft wird, die zu entdecken Spaß macht – und die auch mit den Jahren nicht in selbige kommt.

Ein Bild hat immer das letzte Wort

Wenn es einer Marke gelingt, nicht nur einen einprägsamen Namen zu generieren, sondern ihn mit einem metaphernbehafteten Bild zu verstärken, ist ihr der Platz im Gedächtnis der Konsumenten gewiss. Das ist allerdings ein Kunststück, das nur wenigen gelingt.

Ein positives Beispiel liefert eine Marke, die ein Akronym – eine aus den Anfangsbuchstaben mehrerer Wörter gebildete Abkürzung – schuf, die die Unternehmensphilosophie auf den Punkt bringt und diese auch gleich noch mit einer Bildmarke verstärkt.

BEISPIEL

Die Anfangsbuchstaben des niederländischen Satzes »Door Endrachtig Sammenwerken Profitieren Allen Regelmaatig« – also DESPAR – ergeben den Firmennamen, der mit einer Tanne illustriert wurde und damit die Nachhaltigkeit der Unternehmensbotschaft bei jedem Sichtkontakt kommuniziert. (Übrigens lautet der Satz interlinear ins Deutsche übersetzt: Durch gemeinsames Arbeiten profitieren alle regelmäßig. Und bei dem Unternehmen handelt es sich um einen Zusammenschluss von Lebensmitteleinzelhändlern, das unter dem Namen »SPAR« firmierte.)

Übrigens nicht nur für Konsumenten. Für Mitarbeitende ist diese optische Ergänzung von besonderer Eindringlichkeit, erinnert sie doch an die tägliche Aufgabe und ist nicht zuletzt ein Symbol der Zugehörigkeit, die damit kultiviert wird. Bei wichtigen Unternehmensveranstaltungen tragen Führungskräfte dieses Unternehmens das Symbol mit Stolz auf ihrer Jackentasche, gleich über dem Herzen, auf dem richtigen Fleck also. Das ist aus emotionaler Markenführungssicht das Beste, was es gibt. Es funktioniert aber nur, wenn es ehrlich gelebt wird.

Was uns daran erinnert: Ein Bild hat immer das letzte Wort. Arbeiten Sie darum mit bedeutungsvollen Symbolen, Visualisierungen oder Zeichen, die sich mit Werten aufladen lassen. Menschen tendieren dazu, sich diese zu merken – mit positiven und raschen Assoziationen. Nicht weniger wollen wir mit unserer Arbeit erreichen.

Einführungsarbeit ist Sache des Verkaufsapparates

Ja, wer verkauft nun: Marketing oder Vertrieb? Eigentlich verrät die Bezeichnung schon viel, für manche aber nicht alles. Darum sei es hier nochmals in aller Deutlichkeit gesagt: Die Einführungsarbeit ist Sache des Verkaufsapparates. Vertrieb kommt von vertreiben – und manchmal werden auch die Kunden vertrieben.

In vielen Firmen ist diese Grenze nicht klar genug definiert. Da wartet der Verkauf, bis das Marketing endlich etwas »Effizientes« vorlegt. Und wehe, die Maßnahmen greifen nicht. Ich nenne das den Bumerang-Effekt: Man schmeißt etwas in die Runde, weil man vorwärtskommen will, tritt aber immer auf der Stelle, weil alles wieder zurückkommt.

Regeln Sie darum die Aufgaben, sorgen Sie für klare Verhältnisse an der Verkaufsfront. Die heißen: Der Vertrieb macht seinen Job, wenn er das Produkt kennt und schätzt, die Vorteile zu kommunizieren weiß und die Werbemittel einsetzt, um den Verkauf zu fördern. Da braucht es keine defizitorientierte Denkhaltung, keine diplomierten Bedenkenträger, denn ohne Motivation werden von den Konsumenten noch die letzten Überlebenschancen einer Marke angezweifelt. Ist das Vertrauen einmal derart gesunken, gibt es eigentlich nur noch einen Weg der Entwicklung, und der führt mit Bestimmtheit nicht nach oben. Begraben Sie darum die möglichen Kriegsbeile zwischen Marketingabteilung und Verkaufsapparat. Packen Sie gemeinsam an, arbeiten Sie Hand in Hand und definieren Sie die Aufgaben so unmissverständlich, dass es niemandem in den Sinn kommt, die Verantwortung abzuschieben. Auch weil derjenige sonst nicht Teil der Erfolgsgeschichte sein wird, die sich wie selbstverständlich ergibt, wenn Marketing und Verkauf richtig zusammenarbeiten.

Die 13 Erfolgsrezepte für den stationären Handel

»Einen Brief gibt man auf – aber nie die Hoffnung auf bessere Zeiten!« So lautet eine alte Trainerweisheit. Daher: Wenn die Situation für den stationären Handel ausweglos erscheint, dann ist gerade jetzt diese Erkenntnis besonders wichtig. Dieses Kapitel bietet Ihnen dazu die 13 Rezepte für Ihren Erfolg.

Lesen Sie u. a.:

- welche Gefahren und Chancen hybride Handelsformen mit sich bringen,
- warum die Herkunft von Waren für den stationären Handel immer wichtiger wird,
- warum Convenience ein zentraler Begriff werden wird und
- warum Markenzweck und Markenwerte zunehmend an Bedeutung gewinnen.

Erfolgsrezept 1: Nur wer sich ändert, bleibt sich treu

Eine gesellschaftliche Entwicklung führte immer auch zu einer Entwicklung im Handel. Konkret gesagt: Der Handel stellt nur ins Regal, was Kunden kaufen. Der Neugierde, der Mobilität und Reisefreudigkeit der Kunden sei es gedankt. Was Menschen in fremden Ländern gesehen haben, sollte auch bald im Dorfladen erhältlich sein, egal, ob Modetrends, Gewürze oder die unwiderstehliche Handtasche. Warum sollte es die Sachen nicht auch bei uns geben?

Disruptive Veränderungen sind dem Handel nichts Neues. Ob die Umstellung von Bedienung auf Selbstbedienung, die noch nicht in allen Branchen angekommen ist, der Wechsel von der Registrierkasse zur Scannerkasse, bis hin zu unterschiedlichen Zahlungsmethoden, Click & Collect oder der Abholung der online bestellten Einkäufe aus einem in drei Zonen unterteilten »Container«. Der Handel war Spielmacher und -gestalter. Jetzt wurde ihm der Zugriff mittels Fernbedienung weggenommen. Diesen Zugriff gilt es durch intelligente Konzepte wieder zurückzugewinnen.

Die beiden Produkte »Handel« und »Innenstadt« werden einer Modernisierung unterzogen: Dazu gilt es, ausladende (Schaufenster-)Konzepte, unattraktive Öffnungszeiten und Kleinkrämertum zu überwinden.

BEISPIEL

Es war vor dem allgemeinen Lockdown: Ich kaufte wieder einmal so richtig ein – in einem Kiosk. (Gerade Zeitung kaufen bis zum Abwinken ist eine meiner Marotten.) Aufgrund des Wetterberichtes fürs Wochenende nahm ich so alle gängigen »5-Euro-und-mehr-Titel« mit. Die Rechnung betrug weit über 50 Euro. Die Hochglanzmagazine fallen mächtig ins Gewicht (der Preis will ja gerechtfertigt sein) und ich fragte höflich nach einer Tragtasche. Ebenso höflich die Antwort der Verkäuferin: Gerne, kostet aber 30 Cent. Ich dachte mir: So soll es sein. Aber: Als mir dann mein Einkauf in eine Plastiktüte eines Mobilfunkanbieters gelegt wurde, platzte mir der Kragen.

Sich mit Gratisware eines Dritten auf Kosten des Kunden zu bereichern, ist nicht nur eine Form der Optimierung, die unsinnig ist. Das ist vor allem ein absolutes No-Go! Seitdem mache ich einen großen Bogen um diesen Kiosk, es gibt genügend davon, auch online.

Mein Tipp: Zeigen Sie Größe, gerade wenn es um Kleinigkeiten geht

Wahre Größe entscheidet sich in Kleinigkeiten. Dem Kunden ein X für ein U vormachen, ist am falschen Ort optimiert. Seien Sie auf der Hut. Der Kunde stimmt mit den Beinen ab. Meistens für immer.

Wenn der Berg nicht zum Propheten kommt, geht der Prophet zum Berg. Wenn Kunden ausbleiben, wird häufig nach Notlösungen gesucht. Kampagnen, die auf »Mitleidsmarketing« abzielen, sind hinlänglich bekannt. Doch es genügt nicht, in guten Zeiten die Kunden als gegeben hinzunehmen und dann sie in schlechten Zeiten anzuflehen nach dem Motto: Fahr nicht fort, kauf im Ort! Zu häufig wird von den Kunden eine abrupte Änderung des Kaufverhaltens eingefordert, wie es das folgende Zitat aus einem Presseclipping zu Zeiten der Corona-Pandemie belegt.

BEISPIEL

»Warten Sie, bis unsere regionalen Geschäfte wieder öffnen oder nutzen Sie in der Zwischenzeit deren Onlineshops. Helfen Sie danach, durch Ihre Einkäufe diese Krise zu bewältigen«, so Vorarlbergs Wirtschaftskammerpräsident in einer Aussendung. Die Betriebe stünden durch die strikten – aber richtigen – Maßnahmen zur Eindämmung des Coronavirus vor enormen Herausforderungen. Und weiter hieß es: »Oberstes Credo muss die Abschwächung der Verbreitung des Virus sein«.

Ob der Kunde auf Mitleidsmarketing reagiert? Jeder Kunde hat das Recht, so zu sein, wie er ist. Früher hat man noch gesagt, der »Kunde ist König«. (Mein Zusatz: Wenn er sich wie ein König benimmt!) Jedoch zeigt die Erfahrung: Kunden lassen sich nicht vorschreiben, wie sie sein sollen. Solange politische Systeme Handelsmodelle ungleich behandeln, wird der Kunde immer den für ihn niedrigsten Zaun überspringen. Und das ist im Moment – leider – online. Doch wie oben gesagt: Die Hoffnung gibt man nicht auf.

Erfolgsrezept 2: Hybrider Handel? Erst prüfen, dann handeln

Es kommt – wie so oft im Leben – auf die richtige Mischung an. Und es kommt vor allem auf die Produktkategorie an: Haltbarkeit, Verfügbarkeit, Lieferbereitschaft und Substituierbarkeit sind die Treiber des hybriden Modells. Die aus Paretoprinzip bekannten Zahlen können auch hier als Größenordnung verwendet werden: 80 Prozent offline, 20 Prozent online.

Das Paretoprinzip beschreibt die Gefahr, dass für 20 Prozent der Arbeit 80 Prozent der Ressourcen verwendet werden. Eine ähnliche Gefahr besteht auch bei hybriden Formen. Sie investieren in eine Struktur für den Onlinehandel, sich verantwortlich für manchmal mehr als doppelt so hohen Kosten (stationärer und Onlinehandel), jedoch den Umsatz können Sie nur unwesentlich steigern. Fragen Sie sich deshalb vorher, wie onlineaffin Ihre Zielgruppe wirklich ist.

Mein Tipp: Nehmen Sie jeden einzelnen Kunden in den Blick

Wenn die heutige, moderne Gesellschaft beschrieben wird, ist oft von Individualismus die Rede. Mit dieser Notiz im Hinterkopf entsteht eine gewisse Spannung, wenn wir im Marketing immer noch den Ausdruck Zielgruppe verwenden, der doch etwas in die Jahre gekommen ist. Ich meine, der Begriff Zielindividuum bringt es besser auf den Punkt. Auch wenn es dann wieder richtig ist, die Individuen in einzelne Segmente zu gruppieren.

Checkliste: Prüfen Sie, ob ein Onlineshop sinnvoll ist

Bevor Sie sich also daran machen, einen Onlineshop zu installieren, beantworten Sie vorab für sich folgende Fragen:

- Wie groß ist die Gruppe der Zielindividuen?
- Sind die Zielindividuen besser online oder offline erreichbar?
- Welche Zielindividuen sollen Ihr Produkt online kaufen?
- Warum sollen die Zielindividuen Ihr Produkt online kaufen?
- Ist eine Lösung des Problems nur offline möglich?
- Wie lösten die einzelnen Zielindividuen das Problem bisher?
- Lösen die Zielindividuen das Problem offline oder online?
- Warum sollen die einzelnen Zielindividuen von offline zu online (oder umgekehrt) umsteigen?

Mein Tipp: Auf Herz und Nieren prüfen

Seien Sie kritisch, wenn es darum geht, einen Onlineshop neu aufzubauen. Nur, wenn Sie auf die gerade genannten Fragen gute, ja sehr gute Antworten gefunden haben, machen Sie sich ans Werk. Wenn nicht, konsolidieren Sie Ihre Stärken im stationären Handel.

Erfolgsrezept 3: Schaffen Sie Nähe, Nutzen, Neuigkeit

Wenn bereits die Kundenansprache im stationären Handel schwächelt, dann wird das zumeist im Onlinehandel auch nicht besser. Doch es gilt, dass die große Nähe zum Kunden nicht nur legitim ist, sondern das A und O für den stationären Handel – ebenso übrigens wie für den Onlinehandel! Im stationären Handel haben Sie jedoch den Vorteil, dass der Kunde die Nähe spürt. Und tut er das nicht, dann können Sie in Echtzeit reagieren.

Die N³ – Nähe, Nutzen, Neuigkeit – gehören zu den Grundlagen erfolgreicher Pressearbeit. Und sie gelten meines Erachtens nach wie vor. Was für die PR gut ist, erweist sich auch im Handel oft als maßgeblich: Darum suchen Kunden online wie offline zumeist in der kleinsten Zelle des Zusammenlebens – gemeint ist damit der eigene Wohnort oder Bezirk. Und die Suchmitteilungen werden fast immer mit Foto oder anderen Bildern optimiert. Das bietet Sicherheit und Nähe. Fake News gibt es in dieser Zelle des Zusammenlebens kaum. (Höchstens am 1. April als Scherz. Zu schnell kommt man der Unwahrheit auf die Spur. Online ist es anders.)

Aber zurück zum Thema: Gelten die N³ auch für den stationären Handel? Ich meine ja. Zwar hat uns die Globalisierung in den Wohlstand gehievt, die neue Sportart, die uns die Globalisierung beschert hat, der olympische Dreikampf »billiger, noch billiger, geschenkt«, hat uns jedoch in einen Un-Wohlstand transferiert.

Welche Abhängigkeit durch die Globalisierung entstanden ist, haben wir in jüngster Vergangenheit öfters zu spüren bekommen. In der Schule habe ich vom Suezkanal viel gehört – jetzt weiß ich auch die Bedeutung einzuschätzen, wie das folgende Beispiel es zeigt.

BEISPIEL: ENTSCHEIDENDER TAG AM SUEZKANAL

Seit Dienstag steckt die »Ever Given« im Suezkanal fest – nun wollen Helfer mit neuem, schwerem Gerät einen weiteren Befreiungsversuch machen. Klappt er nicht, wird entladen. Inzwischen nehmen andere Schiffe den Weg um Afrika.

Zehntausende Tiere in Not: (...) Der Stau an den Kanalzufahrten hält derweil Hunderte Schiffe auf. Darunter sollen auch elf rumänische Frachter mit lebenden Tieren an Bord sein (...)

Der Druck auf die Verantwortlichen steigt, weil rund 370 Schiffe auf Durchfahrt warten, darunter 25 Öltanker, und der wirtschaftliche Schaden weiterwächst. Bisher konnte das 400 Meter lange Schiff nur wenige Meter bewegt werden. (Quelle: tagesschau.de, 29.03.2021 04:16 Uhr)

Mit der Havarie wurde eine der wichtigsten Wasserstraßen blockiert. Täglich sind Handelswaren im Wert von neun Milliarden Dollar »auf Grund gelaufen«. Mindestens 367 Schiffe sollen es gewesen sein, die auf Durchfahrt gewartet haben. Andere konnten es sich leisten, sie nahmen den teuren Umweg um das Kap der Guten Hoffnung.

Herkunft hat ihren Preis

Bei der Warenbeschaffung gilt: Herkunft hat ihren Preis. Diese Gleichung sei erlaubt: Nähe stiftet den maximalen Nutzen.

Ebenso kostet Personaleinsatz – Marken sind personalintensiver als Preiseinstieg. Das Hochfahren nach dem Lockdown war für viele nicht möglich, weil Personal nicht verfügbar gewesen ist. Und wenn verfügbar, war keine Einreise möglich. Dieser Personalfaktor ist bei Marken nicht zu unterschätzen und in künftige Überlegungen als besten Kopierschutz für den (Dienstleistungs-)Handel unbedingt zu berücksichtigen.

Mein Tipp: Hilf den Hoffnungslosen

Der Kunde hat immer recht – auch wenn er nicht recht hat. Ihm ist zu helfen, auch wenn ihm nicht mehr zu helfen ist. Was Qualität ist, entscheiden nicht Sie, das entscheidet immer der Kunde. Daher kann auch dem, dem auch aus Ihrer Sicht nicht mehr zu helfen ist, durchaus noch geholfen werden. Vielleicht nicht ihn Ihren Augen, aber doch in denen des Kunden!

Welche Qualität versprechen Sie Ihren Kunden? Welche Nutzenargumente versprechen Sie dem Kunden?

- Service?
- Bestens geschulte Mitarbeiter?
- Innovationen?

Denken Sie laut darüber nach – es lohnt sich und der Kunde bemerkt es.

Erfolgsrezept 4: Herkunft hat Zukunft

Noch nie in meiner über 30-jährigen Handelserfahrung war Regionalität so wichtig wie 2020. Das wird noch klarer. Die

Wertschöpfungsketten von Produkten aus dem Ausland wurden durch Vulkanausbruch, Streiks oder das im Suezkanal quer liegende Schiff »Ever Given« unterbrochen. Das wirkte sich in vielen Produktsegmenten aus und auch dem vorletzten Konsumenten wurde bewusst, wie fragil unser Wirtschaftssystem ist. Frische Produkte und Unabhängigkeit von langen Produktionsketten gibt es nur regional. Unsere Konsumgewohnheiten und unser Konsumverhalten haben sich diametral verändert.

BEISPIEL: TEST STATIONÄR

Bei einem der seltenen Einkaufsbummel in einer Nachbarstadt sah ich eine lange Warteschlange vor einem Laden. Ich dachte zuerst, Apple hätte einen Store eröffnet, ohne das sensationelle Ereignis zu bewerben. Bis ich verstand, die Leute warteten vor einer Covid-Teststation, es ging ums »Freitesten«. Alle wollten sich vor Ostern noch in Freiheit testen, um nicht vom Osterbrunch ausgeschlossen zu werden, sondern die Feiertage möglichst uneingeschränkt verbringen zu können.

Herkunft und Nachhaltigkeit für den Onlinehandel

Laut gedacht: Wo sind diese Tests im Onlinehandel? Wird auf Nachhaltigkeit bei diversen Plattformen überhaupt Wert gelegt? Wird offen publiziert, wohin die Retouren nach zwei Erdumdrehungen verschwinden? Gibt es eine Entsorgungsbilanz dieser Konzerne?

Aus Studien wissen wir: Der EU gehen pro Jahr mehr als 70 Milliarden Euro an Steuergeldern verloren durch die mehr als steuerschonende Behandlung der Online-Riesen. Hier gilt es, gebetsmühlenartig dem Kunden immer wieder vor Augen zu führen, was die Vorteile – mittel- und langfristig gesehen – einer intakten Handelslandschaft sind: Schaffen von Arbeitsplätzen, Lehrlingsausbildung, Sponsoring örtlicher Vereine und Kulturen, Steuerzahler vor Ort, Teilnahme am gesellschaftlichen Leben, Schaufenster für das Ortsbild usw. Zeigen Sie Ihren Kunden Ihre Leistungsbilanz. Täglich.

Wie regionaler Einkauf auch in Ansätzen online erfolgen kann, zeigt das folgende Beispiel.

BEISPIEL: REGIONAL EINKAUFEN – AUCH ONLINE

In Vorarlberg (das ist das österreichische Bundesland, in dem ich wohne) sind aktuell noch rund 900 Geschäfte mit etwa 6.000 Beschäftigten geöffnet. Die Wirtschaftskammer appellierte an die Vorarlberger Bevölkerung, regional einzukaufen und Onlineangebote des heimischen Handels zu nützen. Neue Plattformen machen das Einkaufen per Klick leicht. (Quelle: https://vorarlberg.orf.at/stories/3039924, 23.03.2020)

Unglaublich und faszinierend, wie aus der Not eine Tugend gemacht wurde. Hauptsache Umsatz, um fast jeden Preis. Nur, Handel kommt vom Tunwort »handeln«. Und wer meint, das sei im Grunde nichts Neues, der versuche, folgende Fragen spontan zu beantworten:

- Welchen Ursprung hat Ihr Geschäftsmodell?
- Welche Wurzeln geben Ihrer Marke Halt?
- Spürt der Kunde den Gründergeist Ihrer Marke?
- Können Sie diesen Gründergeist in drei Sätzen beschreiben?
- Welche sind die drei wichtigsten Ideen, um neben Herkunft auch die Zukunft erfolgreich zu gestalten?

Erfolgsrezept 5: Kontaktpunkte richtig nutzen

Wo kommen Kunden mir der Marke in Berührung? Für den Handel wurden bis zu 70 solche Kontaktpunkte identifiziert. Dazu zählt das Logo auf Geschäftsfahrzeugen, der erste Eindruck im Onlineshop, der Kontakt am Telefon, der Blick in ein Schaufenster, selbstverständlich die Werbung im Radio, die Flugblätter in der Fußgängerzone, der Mitarbeiter am Stammtisch usw. Sie kennen das Diktum: »Man kann nicht nicht kommunizieren« (Paul Watzlawick). Das gilt genauso im Marke-ting. Irgendwie und irgendwo wird die Marke wahrgenommen.

Mein Tipp: Kontaktpunkte stimmig koordinieren

Diese Kontaktpunkte sollte man wie das Einmaleins kennen. Aber noch mehr – denn Kenntnis allein genügt nicht. Orchestrieren Sie die Kontaktpunkte so perfekt wie Mozart seine Sinfonien. Koordinieren Sie die Kontaktpunkte, damit sich ein stimmiges Marken- und Einkaufserlebnis für den Kunden gibt.

Mein Buch »Online ist schlagbar« (erschienen 2019 im Frankfurter Allgemeine Buchverlag) ging nach sechs Wochen in die zweite Auflage. Was für ein Erfolg. Im Kapitel »Handel 2030« wagte ich einen Ausblick in die Handelslandschaft – keine Ahnung von Covid-Virus und Co – und prophezeite einen neuen Kontaktpunkt, der anfangs von kritischen Lesern belächelt wurde: »Die Renaissance der Automaten« – 24 Stunden, 7 Tage die Woche offen. Den besonderen Umständen geschuldet, sind diese im letzten Jahr aus dem Boden geschossen wie Pilze. In erster Linie als Umsatzbringer, in zweiter Linie als »kontaktloses Einkaufserlebnis«.

BEISPIEL: LANDWIRTE SETZEN AUF LEBENSMITTELAUTOMATEN

In Zeiten strenger Eindämmungsmaßnahmen aufgrund der Corona-Pandemie beweisen die Vorarlberger Landwirtinnen und Landwirte Einfallsreichtum. Sie setzen nun verstärkt auf Selbstbedienungsautomaten, wo sie ihre frischen Lebensmittel verkaufen – ohne mit ihren Kundinnen und Kunden in Kontakt zu kommen.

Ganz ähnlich funktioniert der Verkauf auch in Meiningen (Vorarlberg/Österreich). Dort gibt es rund um die Uhr Milchprodukte und frisches, saisonales Gemüse. Dabei ist Hygiene ein besonderes Anliegen: Der Vorteil von den SB-Automaten ist, dass man dort nicht auf so viele Konsumenten trifft, wie im Supermarkt.

Mein Tipp: Automatisch verkaufen

Haben Sie sich schon einmal Gedanken gemacht, ob Ihr Geschäft »automatisch« besser laufen könnte? Falls Sie bei dieser Frage zu einer positiven Einschätzung kommen, dann prüfen Sie Folgendes: Mit welchen anderen Einzelhändlern können Sie sich zusammenschließen und zum Gemeinschaftsanbieter mutieren? Mit wem können Sie sich die Investitionen teilen? Wer ist ein guter Kooperationspartner um Ihre Produkte rund um die Uhr verfügbar zu machen?

So banal es klingt, Automaten sind im Trend. Ein berührungsloser Kontaktpunkt hat es in sich. Und er ist nicht an Öffnungszeiten gebunden, sondern rund um die Uhr verfügbar. Ich glaube daran.

Erfolgsrezept 6: Convenience – Verlassen Sie die Komfortzone

Gewohnheit, Sicherheit und Bequemlichkeit sind die dicksten Freunde. John F. Kennedy meinte einst: »Wer sich mit dem

Zweitbesten begnügt, wird auch nie mehr als das Zweitbeste erreichen.« Recht hat er. Und damit sprach er auch gleich einen Klassiker unter den Herausforderungen der Markenführung an: die Bequemlichkeit. Weil sich niemand der Bequemlichkeit schuldig machen will, nennen wir sie hier auch die »Nummer Sicher«, auf die heute so gerne gesetzt wird.

Das übrigens scheint eine ganz menschliche Haltung zu sein. Wir tendieren dazu, erst mal Sicherheit zu suchen, in bekannten Mustern zu verharren. »Schließlich war es schon immer so – und es hat ja auch bestens funktioniert«. Nun ja, vielleicht nicht bestens, aber immerhin, es hat Stabilität in den Alltag gebracht. Nur wird dabei vergessen, dass auch dickste Freunde einmal auseinandergehen, dass nichts Beständigkeit hat. Wer Erfolge feiern will, muss also genau diese Komfortzone verlassen, sich von Sicherheit und Bequemlichkeit verabschieden, und plötzlich ist alles möglich. Von »Zero to Hero« – und zurück.

Die äußeren Umstände werfen uns derzeit gerade aus der Komfortzone. Wir wünschen uns alle eine sichere Landung, aber ganz ohne Schmerzen geht es nicht. Dabei sind die Markenverantwortlichen besonders in die Pflicht zu nehmen. Sie sind die Playmaker, die Spielmacher der Unternehmen, die mit ihrem Spielwitz die überraschenden, bahnbrechenden Vorlagen liefern, mit denen niemand gerechnet hat – und die gerade darum zum Erfolg führen. Denn das übliche »Ballgeschiebe« bringt in der Statistik vielleicht etwas »Ballbesitz«, aber kein Raumgewinn. »Der tödliche Pass in die Tiefe«, wie Fußballkommentatoren die perfekte Torvorlage nennen, ist aber ohne Risiko nicht zu schaffen. Weshalb wir zu mehr Mut und Risikobereitschaft aufgefordert sind.

Die Preisspirale mit echtem Mehrwert durchbrechen

Kann man sich an Tiefpreise gewöhnen? Natürlich spiele ich damit auf die mörderische Preisspirale der Discounter an, die Headlines der Konkurrenz wie »Jetzt noch günstiger« mit Preisversprechungen wie »Minus 50 %« beantwortet. Damit gibt ein Discounter ja eigentlich zu, dass seine Preise von der Vorwoche noch nicht gut genug waren. Was zeigt: Nur der Billigste zu sein, ist eben doch kein Erfolgsgarant.

Nicht zu vergessen die Konsumentenpsychologie, die letztlich weiß, dass ein Produkt einen bestimmten Wert haben sollte. Der kleinste Preis kann darum auch mal zu klein sein und wird von Konsumenten nicht mehr akzeptiert.

Wer seine Marke nur über den Preis definiert, wird über kurz oder lang kein Geld mehr verdienen. Unendliche Kostenführerschaft ist vom Aussterben bedroht. Suchen Sie andere Mehrwerte.

Wie aus Nähe Gewohnheit und letztlich Erwartung werden kann

Eine kleine Episode zur Erwartungshaltung von Kunden und deren Macht der Gewohnheit:

BEISPIEL: »RUFEN SIE MICH AN, WENN SIE ZU HAUSE SIND«

Eine erfolgreiche Hotelchefin pflegte eine besondere »Marotte«. Sie begleitete ihre Gäste stets in die Tiefgarage, drückte ihnen die Hand und verabschiedete sich: »Gute Fahrt. Rufen Sie mich an, wenn Sie zu Hause sind. Damit ich weiß, dass Sie wohlauf sind«. Eine kleine persönliche Geste, die viele Gäste schätzten. Schließlich riefen die Leute bei ihrer Ankunft zu Hause tatsächlich an und bedankten sich für den tollen Aufenthalt. Genial und kostet keinen Cent.

Aus Sicht des Marketingverantwortlichen erkennt man darin eine emotionale Kundenbindung in Vollendung. Aber aufgepasst: Einmal erlebt, mutiert es schnell zur Erwartungshaltung und ab dem zweiten, dritten Besuch zur Gewohnheit.

BEISPIEL: EHEPAAR IN DER EMPFANGSHALLE

Die erfolgreiche Hotelchefin hat den Kopf voller Alltagssorgen. Als sie ein älteres Paar in die Tiefgarage begleitete, verabschiedete sie sich ohne ihre Bitte um einen Anruf nach der Heimkehr. Was passierte? Minuten später stand das Ehepaar in der Empfangshalle und stellte die Chefin zu Rede: »Haben Sie etwas gegen uns? Warum haben Sie uns keine gute Heimreise gewünscht?«

Sie sehen: Eine äußerst positive Erwartung kann schnell ins Negative drehen. Dann ist die Enttäuschung groß. Da kann man kleinlichen Kunden – wie dem Ehepaar in unserem Beispiel – eigentlich nur dankbar sein. So lässt sich der »Fehler« im persönlichen Kontakt ausbügeln. Genau hier liegt die Klasse und Chance des stationären (Dienstleistungs-)Handels.

Erfolgsrezept 7: Hören Sie die ultimative Forderung der Kunden

Vor Jahren kursierte ein Video im Netz, in dem ein Kleinkind fasziniert auf einem Tablet herumpatscht und glucksend über bunte

Figuren staunt. Kurze Zeit später klatscht es mit beiden Händen nebenan auf die glänzenden Fronten in der Küche und ist sichtlich enttäuscht, dass sich hier keine bunten Bildchen öffnen.

Die analoge Welt verblasst gegenüber der digitalen, auch im Handel, wenn wir nicht haarscharf aufpassen. »Convenience«, maximale Kundenbequemlichkeit, ist heute alles. Convenience nimmt Kunden das Denken ab. Auch im Wohnzimmer nimmt die Technik vielen Kunden längst Entscheidungen ab. »Alexa« als neue Hausgenossin lernt schnell, kennt die Gewohnheiten und macht das Leben einfacher. Skeptiker mögen sich dabei fremdgesteuert fühlen, Datenschützer warnen, doch vielen Menschen macht das nichts aus – wenn es ihnen überhaupt bewusst ist.

Service war gestern, Convenience ist heute

Während »Service« ein freiwilliges Angebot des Händlers an seine Kunden darstellt, ist es bei »Convenience« genau umgekehrt. Convenience ist die ultimative Forderung der Kunden an den Anbieter: Mach es mir bequem – oder ich suche mein Glück anderswo!

Scannen Sie einmal Ihre Marke oder Ihr Geschäftslokal:

- Wie bequem oder unbequem ist das von Ihnen gebotene Einkaufserlebnis?
- Fühlen sich Kunden »stationär« oder werden diese »ambulant« bedient und behandelt?
- Fällt dem Kunden die Orientierung leicht?
- Findet er »kurz und bündig« was er braucht?

Mach mir das Leben einfach! Radikaler Perspektivenwechsel erforderlich

Die meisten Menschen heute sind vermutlich ungeduldiger und hektischer als ihre Eltern oder Großeltern. Das Paradoxon unserer Zeit: Immer mehr Maschinen nehmen uns immer mehr Arbeit ab, und trotzdem haben wir immer weniger Zeit und immer mehr Stress. King ist, wer Erlösung verspricht: Schlankheit im Schlaf, Reichtum ohne Risiko, Kaufen ohne Anstrengung.

Das fordert von stationären Händlern einen radikalen Perspektivenwechsel. Wer verkaufen will, muss in den Schuhen seines Kunden laufen, um sich dann zu fragen, »Wie mache ich das möglich?«, statt von eigenen Interessen auszugehen und primär zu fragen, »Was kann bzw. will ich leisten?«. Im Folgenden einige zentrale Convenience-Aspekte und Umsetzungsbeispiele für den stationären Handel.

Erspar mir Wege! Vom Einzelhändler zum Gemeinschaftsanbieter

Moderne Tankstellenshops machen es vor: Hier kann der tankende Kunde längst nicht mehr nur Zeitungen und Zigaretten erstehen, sondern auch Snacks, Kaffee, Süßwaren, Spielzeug, Softdrinks, Spirituosen und Blumen – eben alles, was man unterwegs zur Spontanverpflegung braucht und was vergessliche Gäste vor einer Totalblamage bewahrt. So hat man wenigstens einen der berüchtigten Tankstellensträuße dabei. Convenience Shops sind nach wie vor eine Wachstumsbranche.

Wie können Sie Ihren Kunden Wege ersparen?

- Erweitern Sie Ihr Sortiment auf kluge Art und Weise.
- Stellen Sie zudem Kooperationen mit anderen Anbietern zur Verfügung.
- Integrieren Sie eine Dienstleistung, die nur offline zu erledigen ist, und erhöhen Sie auf diese Weise die Kundenfrequenz.
- Attraktive Kooperationspartner sind vielfältig: Reinigung, Schlüsseldienst, Postdienst, Bäcker etc. Wenn der Kunde bei Ihnen mehrere Fliegen mit einer Klappe schlagen kann, profitieren alle Anbieter davon.
- Mutieren Sie vom Einzelhändler zum Gemeinschaftsanbieter bzw. von der Einzelmarke zur Dachmarke.

BEISPIEL: SORTIMENTSERWEITERUNG UND KOOPERATION

Der Outdoorhändler Globetrotter bietet auch Reisebücher an und hat damit sein Sortiment erweitert.

Zudem stellt er – nicht erst seit der Corona-Pandemie – Impfberatungen und Impfschutz vor Ort in Kooperation mit Ärzten zur Wahl.

Erspar mir Zeit! Zum Beispiel mit Lotsen aus Fleisch und Blut

Der größte Feind des stationären Handels scheint die Kassenschlange zu sein. In nahezu jeder Kundenbefragung landet sie unter den Top Drei der Ärgernisse. Fest steht jedenfalls: Je kürzer die Schlangen bei Ihnen sind, desto besser.

Zur Zeitersparnis tragen zudem bei: ansprechbares Personal in ausreichender Anzahl, zügige Bedienung und übersichtliche Warenpräsentation. Deckenhänger und andere Beschilderungen können helfen. Noch besser sind freundliche Lotsen aus Fleisch und Blut. Sind Ihre Verkäufer so geschult, dass sie suchenden Kunden Hilfe anbieten?

Auch der Bezahlvorgang sollte möglichst unkompliziert sein. Wenn der Kunde erst darüber diskutieren muss, welche Karten akzeptiert werden und welche nicht, trübt das den Einkauf. Wie viele Ihrer Kunden haben schon einmal das Geschäft ohne Kauf verlassen, weil ihr Zahlungsmittel nicht akzeptiert wurde? Zeitersparnis lässt sich jedoch auch anders und radikaler denken.

Stellen Sie sich die Frage: Welche Dienstleistung kann man bei Ihnen erledigen lassen, während man einkauft? Dazu einige Beispiele:

- Kunden können das Elektroauto an Ihrer Elektrosäule laden.
- Sie bieten eine Schnellreinigung des Autos an.
- Sie offerieren in Kooperation mit der benachbarten Kfz-Werkstatt passend zu den Einkaufsplänen des Kunden den Reifenwechsel (und schalten dazu gemeinsam Anzeigen).
- Sie bieten Besohlen von Schuhen in wenigen Minuten oder die Reparatur von Kleingeräten.
- Sie bieten Eltern Kinderbetreuung an, damit sie selbst in Ruhe einkaufen können.

Nutzen Sie die Möglichkeiten vor Ort und lassen Sie Ihre Fantasie spielen. Wenn der Kunde das Gefühl hat, bei Ihnen kann er seine Zeit doppelt nutzen, kommt er gerne wieder – auch zum Zahnarzt, wie das folgende Beispiel zeigt.

BEISPIEL: BUCHLADEN ALS WARTEZIMMER

Ein Buchladen, der als Wartezimmer für den Zahnarzt oben drüber fungiert. Bücher können, wenn der Call per Funk eingeht, unproblematisch in ein eigenes Fach gelegt werden, um nach dem Zahnarzttermin weiter zu stöbern oder in Ruhe zu bezahlen.

Erkenne meine Bedürfnisse! Bieten Sie ein attraktives Zusatzplus

Unterschiedliche Zielgruppen haben unterschiedliche Bedürfnisse. Klar, das ist eine Marketing-Binsenweisheit. Für die Millennials ist funktionierendes WLAN heute so wichtig, wie fließend warmes Wasser, während für ihre Großeltern der komfortable Parkplatz mit großen Parkbuchten ein echtes Einkaufsargument sein kann.

Stellen Sie sich die Frage: Was wäre ein attraktiver Zusatznutzen für Ihre Kernzielgruppe, gerade Ihren Laden aufzusuchen?

- Sie bieten Ihren Kunden freien Internetzugang.
- Sie stellen kostenlose Parkplätze zur Verfügung.
- Sie erstatten die Parkgebühren ab einem bestimmten Einkaufswert.
- Sie bieten genügend Sitzgelegenheiten an.
- Sie offerieren Einpackhilfe und Lieferservice nach Hause.

Manches vermeintliche Detail ist in Wirklichkeit das Sahnehäubchen, das den Ausschlag für Ihr Angebot gibt.

Mach mir Kaufen und Zurückgeben leicht! Gewähren Sie unbeschränktes Rückgaberecht

Je risikoloser der Kauf, desto größer die Kauffreude. Das betrifft einerseits Kulanz beim Umtausch, andererseits die Verzahnung der verschiedenen Kanäle, online und offline. Umtausch nur mit Kassenbon, nur innerhalb von 14 Tagen und nur bei nicht reduzierter Ware? Je mehr Einschränkungen Sie formulieren, desto attraktiver wird die Onlinekonkurrenz, die kostenlose Retouren anbietet und die Aufkleber dafür gleich mitliefert. Gewähren Sie besser ein völlig unbeschränktes Rückgaberecht.

BEISPIEL: SERVICEANGEBOT WIRD ZUM UMSATZTROJANER

Auch Tchibo als umsatzstarker Händler ist bekannt für seine kundenorientierte Rücknahmepolitik und die Möglichkeit, Onlinebestellungen in jeder Filiale zu retournieren. Wenn der Kunde einmal da ist, kauft er auch gleich. Manches Serviceangebot wird so zum Umsatztrojaner.

Nimm mir Arbeit ab! Packen Sie Geschenke ein

Was können Sie für Ihre Kunden erledigen und damit Arbeit abnehmen? Der Lebensmitteleinzelhandel zählt nicht zufällig zu den Vorreitern des Convenience Trends. In den vergangenen 20 Jahren ist das Angebot an Convenience Food stetig gewachsen. Die Gründe sind offensichtlich: Zeit und Fähigkeit zum Kochen sind anscheinend umgekehrt proportional zur Zahl der Kochshows im Fernsehen. Auch gegessen wird anders, eher spontan und zwischendurch, als regelmäßig und gemeinsam mit der Familie. Essen lässt sich so bequem nebenbei, Kochen entfällt.

Stellen Sie sich die Frage: Welche Arbeit können Sie Ihren Kunden abnehmen?

- Der Klassiker ist das Einpacken von Geschenken.
- Den Klassiker können Sie um die Zustellung an den Beschenkten erweitern.
- Stellen Sie im Textilhandel für den Kunden und zueinander passende Outfits zusammen.
- Liefern Sie Möbel und lassen Sie sie aufbauen.
- Bieten Sie beim Kühlschrank- oder Waschmaschinenkauf das Anschließen an.
- Offerieren Sie in der Bäckerei oder im Lebensmittelhandel das Zusammenstellen von Lunchpaketen.
- Bieten Sie Verbrauchswaren zum Abonnement an – vom »Sockenabo« bis zur wöchentlichen Biogemüsekiste.

Beflügele meine Fantasie!

2012 wurde das Berliner Unternehmen »Kochhaus« für den Deutschen Gründerpreis nominiert. Das Lebensmittelgeschäft versteht sich als »begehbares Rezeptbuch«. Hier bekommt man auf das Gramm genau abgewogene Zutaten für wöchentlich wechselnde Rezepte und kann sich das Ganze auch als »Kochbox« nach Hause liefern lassen. Das Konzept macht das Selberkochen bequem und vermarktet sich als kreativ, denn Woche für Woche kommen neue Rezepte hinzu.

Stellen Sie sich die Frage: Wie kann ich meine Kunden beflügeln?

- Typberatung im Textilhandel
- Einrichtungsberatung durch das Möbelhaus
- Kreativkurse im Laden für Bastelbedarf
- fertige Einkaufskörbe wie »Das perfekte Grillwochenende«
- Silvestermenü inklusive Dekoration und Bleigießen
- stimmungsvoller Adventskaffee in der Konditorei
- Junggesellen- oder Mädelsabend im Gasthaus

Lös mein Problem! Smartphone-Schulung für Senioren

Kaufhindernisse entstehen manchmal nicht beim Produkt, sondern liegen daneben. Ein schwedisches Möbelhaus hat das früh erkannt und gestressten Eltern den Möbelkauf durch das »Kinderparadies« für Drei- bis Achtjährige erleichtert. Auch ohne »Kaufzwang« können Kinder im Hort abgegeben werden. Einzige Bedingung: Diese wieder vor Geschäftsschluss abzuholen.

Stellen Sie sich die Frage: Wie kann ich ein Problemlöser für meine Kunden sein?

- Wer einen Kaminofen kauft, braucht regelmäßig Holz. Bieten Sie ein Holz-Abo an.
- Wer eine große Kübelpflanze ersteht, fragt sich, wo er sie zum Überwintern unterstellen kann. Bieten Sie eine Pflanzen-Pension an.

- Wer als Ü60 sein erstes Smartphone kauft, braucht jemanden, der ihm zeigt, wie er damit umgeht. Bieten Sie einen Senioren-Handykurs an.
- Wer sich aufwendige Gardinen leistet, grübelt, wie man sie waschen und wieder anbringen kann. Bieten Sie einen Gardinenservice an.

> **Mein Tipp: Gratis oder Umsatzgenerator**
>
> Zusatzservices können nicht nur den Produktverkauf ankurbeln, sondern selbst Umsatz generieren. Testen Sie, welche Zusatzleistungen Ihren Kunden bares Geld wert sind.

Deutlich wird: Wer Convenience bieten will, braucht vor allem gut funktionierende Prozesse. Dann wird der Markenmehrwert spür- und erlebbar.

Erfolgsrezept 8: Was wünschen sich die Digital Natives?

Um die Frage »Onlineeinkauf oder stationärer Einkauf?« zu erörtern, muss heute die Nutzung digitaler Technologie und digitaler Medien berücksichtigt werden. Jeder, der Kinder im Teenageralter oder darüber hinaus hat, weiß: Hier hat sich seit der Jahrtausendwende tatsächlich etwas gravierend verändert. Ein anderes Markenbewusstsein hat sich entwickelt.

Erwartungen der Digital Natives an das Einkaufserlebnis

Die Digital Natives, die mit dem Internet groß geworden sind und sich an ein Leben ohne Smartphone kaum erinnern können, finden Stadtpläne zum Totlachen, Onlineinfos überlebenswichtig und soziale Medien selbstverständlich. Das färbt naturgemäß auf ihr Einkaufsverhalten ab.

Digital Natives stellen andere Ansprüche an ihr Einkaufserlebnis. Sie erwarten:

- flexible Öffnungszeiten
- Bezahlung per App oder Selfscanning
- stärkeres Interesse an ihren Bedürfnissen
- Präferenzen durch das Verkaufspersonal

Die Convenience-Ansprüche der Kunden werden also eher steigen als sinken, wenn die »Always on«-Gruppe an Kaufkraft zulegt. Es wird für sie tägliche Routine sein, Marken im Netz zu recherchieren, Meinungen anderer Kunden heranzuziehen, im Internet den passenden Händler zu suchen, dessen Website zu checken, um anschließend vor Ort einzukaufen, wenn das Gewünschte vorrätig ist. Für stationäre Händler bedeutet das, ihre Hausaufgaben was Onlinehandel angeht zu machen. Dazu muss man nicht über das Marketingbudget eines Großunternehmens verfügen.

Zum Pflichtprogramm gehören:

- eine responsive Website, die auf mobile Endgeräte hin optimiert ist;
- Auffindbarkeit der Homepage im Netz und in einschlägigen Verzeichnissen mithilfe von SEO-Experten verbessern;

- Managen und aktives Anregen von positiven Kundenbewertungen im Netz. Eine entsprechende Aufforderung auf dem Kassenzettel oder ein Erinnerungskärtchen mit lustigem Motiv taugt als kleiner »Schubser«.

Mein Tipp: Kassenbon als Werbemittel

Welche Werbebotschaft versteckt sich auf Ihrem Kassenzettel? Nützen Sie dieses am meisten unterschätzte Werbemittel überhaupt? Schon die Übergabe kann zelebriert oder lieblos gestaltet werden. Unterschätzen Sie die Wirkung dieses letzten (Marken-)Eindruckes nicht.

Was soziale Medien angeht, zähle ich eher zu den Skeptikern. Bisher ist es meiner Beobachtung nach noch keinem Unternehmen gelungen, die sozialen Medien als massentauglichen und ernsthaften Absatzkanal zu etablieren. Trotzdem können und sollten Sie auf diesem Wege natürlich Aktionen und interessante Angebote kommunizieren, vielleicht sogar in einer Whatsapp-Stammkundengruppe, die exklusiv schon vorab informiert wird, oder auf Instagram.

Mein Tipp: Persönliche E-Mail-Adresse

Um den Kundendialog zu führen, verwenden Sie keine »office@«- oder »info@«-E-Mail-Adresse. Das ist zu anonym. Nennen Sie Vor- und Nachname dessen, der für das Anliegen zuständig ist. Markenführung ist Chefsache.

Erfolgsrezept 9: Den Kundenschreck »Kassenschlange« auflösen

Als der erste kassenlose Supermarkt von Amazon (»Amazon Go«) 2018 in Seattle für die Allgemeinheit öffnete, warteten zahlreiche

Kunden vor der Tür auf Einlass. Das hat eine gewisse Komik: vor dem Laden Schlange stehen, um auf keinen Fall im Laden Schlange zu stehen. Es zeigt aber auch: Schlange ist nicht gleich Schlange.

Warten wird zum Event

Wenn das MoMa in Berlin ausstellt, Apple ein neues Gerät auf den Markt bringt oder Amazon mit viel Pressewirbel eine neue Art von Supermarkt eröffnet, winkt am Ende der Schlange eine Verheißung und das Warten wird zum Event.

Für die Kassenschlange, an deren Ende man nur sein Geld loswird, gilt das leider nicht. Ein Blick in die genervten Gesichter wartender Kunden sollte jedem Einzelhändler das Problem ins Bewusstsein rufen: Hier ist vermutlich die wichtigste Convenience-Baustelle in vielen Läden!

Beim Onlinekauf gibt es keine Warteschlangen

Der Geduldsfaden der Kunden wird dabei immer kürzer, nicht zuletzt durch einfache Bezahlsysteme großer Onlinehändler, bei denen wenige Klicks zum Kauf genügen, sobald der Kunde einmal sein Profil hinterlegt hat. Fünf Minuten warten zu müssen, das ist für knapp 40 Prozent der Kunden bereits zu lang und führt zum Verkaufsabbruch. Kunden gehen lieber, ohne etwas zu kaufen, wenn es ihnen zu lange dauert. Im Lebensmitteleinzelhandel mag der leere Kühlschrank daheim noch zum zähneknirschenden Ausharren bewegen. Was aber hindert internetaffine Käufer, das T-Shirt, das Rasierwasser oder das Haushaltsgerät, das man im Laden für gut befunden hat, dann doch lieber rasch online zu ordern?

Dass auch das Suchen und Bestellen im Netz mehr als fünf Minuten kostet, ist dabei kein Hindernis. So rational ist der Homo oeconomicus bekanntermaßen nicht, sonst würde er nicht kilometerweit zu einer anderen Tankstelle fahren, um 3 Cent pro Liter Sprit zu sparen, oder über Nachhaltigkeit philosophieren und dabei den Kaffee aus dem To-go-Einwegpappbecher schlürfen.

Kurzum: Die Kassenschlange ist umsatzgefährdend genug, damit Sie als Händler darüber nachdenken sollten, wie man ihren Schrecken mildert, das Warten versüßt oder sie durch technische Aufrüstung weitgehend aus dem Ladengeschäft verbannt.

Neue Spielregeln für die Kassenschlange und Kassierer

Bei neuen Kassenspielregeln machen uns die Amerikaner vor, wie es kundenfreundlicher geht. Es gibt in vielen Geschäften nur eine Schlange und der nächste Kunde geht an die nächste freie Kasse. Die Wartezeit wird dadurch insgesamt nicht kürzer, sie wird nur gerechter verteilt. Das latente Gefühl, ob am Skilift oder an der Kasse, dass man in der langsameren Schlange stehe, wird dadurch beruhigt. Auch wird der Kassiervorgang insgesamt als zügiger empfunden, zumindest solange die Schlange in Bewegung bleibt.

Alternativ können Händler die Kassierer dazu anhalten, ab einer bestimmten Zahl von Wartenden selbst Kollegen zu rufen, die eine weitere Kasse öffnen. Auch das signalisiert den Kunden: »Wir gehen respektvoll mit Ihrer Zeit um und möchten Sie zügig bedienen!«

Und selbst die Anzeige der wahrscheinlichen Wartezeit an der Kasse würde das Anstehen für die Mehrheit der Kunden Umfragen zufolge erträglicher machen – man kennt diesen Effekt von der Fußgängerampel in manchen Ländern, die im Sekundentakt rückwärts zählt und so die Ungeduld dämpft.

Das versüßte Warten und philanthropische Kassiererinnen

Das meine ich ganz wörtlich: Spendieren Sie Ihren Kunden hin und wieder eine kleine Aufmerksamkeit. Anstatt via Lautsprecher zu rufen »Frau XY Kasse zwei bitte«, erklären Sie die Warteschlange zur Chefsache und verteilen Pralinen, Früchte, Glückskekse usw. Oder Sie platzieren in Stoßzeiten einen netten Azubi am Ausgang, der den Kunden mit einem Minipräsent für ihre Geduld dankt.

Auch wenn die meisten Menschen das Warten nervt, schätzen sie die menschliche Ansprache durchaus. Selbst wenn sich Selfscanning und ein kassenloser Supermarkt irgendwann durchsetzen werden: Fragt man heute Menschen auf der Straße, was sie davon halten, finden viele das sehr unpersönlich. Ein nettes »Empfehlen Sie uns weiter« oder »Viel Freude beim Schenken« gibt es weder online noch vom Scanner. Das bedeutet: Ihr Kassenpersonal sollte Menschen mögen und das auch zeigen.

Eine andere Möglichkeit, um die Wartezeit zu verkürzen: Bringen Sie Bildschirme an, auf denen Nachrichten oder Unterhaltungsprogramme laufen oder auch die Lieblingssendung vieler Kinder. Warum sollte im Lebensmitteleinzelhandel oder im Baumarkt nicht funktionieren, was in U-Bahn-Stationen, Arztpraxen oder Fitnessstudios längst üblich ist? Informieren Sie zwischendurch über zukünftige Aktionen und Sonderangebote und die

Sache rechnet sich. (Er-)Klären Sie Ihr Markenversprechen, erzählen Sie Geschichten – das wirkt.

Technisch aufrüsten – der kassenlose Supermarkt

Auch wenn »Amazon Go« als erster völlig kassenloser Supermarkt im Jahr 2018 gehörigen Pressewirbel auslöste, ist nur ein Teil der Kunden bisher Fan einer Abschaffung menschlicher Kassierer. Selbstbedienungskassen hatten im Handel große Anlaufschwierigkeiten. Die Akzeptanz wächst zwar, doch der Kunde als Bestandteil der Wertschöpfungskette – in diesem Fall beim Selbstabkassieren – ist nicht jedermanns und -fraus Sache. Die Frage »Ist das alles?« wird man vermissen.

Zwar werden Technikhersteller nicht müde, die Vorteile der neuen Möglichkeiten zu preisen, doch jeder Händler muss sich fragen: Geht es ihm um mehr Kunden-Convenience oder schlicht um Kostenersparnis durch weniger Personal? Ist Ersteres der Fall, wird er seinen Kunden zukünftig verschiedene Bezahlmöglichkeiten einräumen und frei gewordenes Personal für besseren Service im Laden einsetzen. Will er vor allem die Fixkosten für den Betrieb senken, steht am Ende der Entwicklung der seelenlose Laden mit Beratungsrobotern und in jeder Hinsicht kontaktlosem Bezahlen, sozusagen Onlineeinkauf in 3-D. So rollt man der Internetkonkurrenz geradezu den roten Teppich aus.

Vermutlich nicht alles, was heute technisch möglich ist, wird sich in Europa durchsetzen. Bezahlen per Gesichtserkennung wie in China? Lückenlose Kameraerfassung zuvor registrierter Kunden zur automatischen Abrechnung per App beim Verlassen des Geschäfts?

Wie Sie die Kassensituation für Kunden besser gestalten können:

- Erleichtern Sie das Bezahlen durch Akzeptanz weiterer Zahlungsmittel (wie zusätzlicher Kreditkarten).
- Bieten Sie kontaktloses und damit schnelleres Bezahlen per Karte oder Smartphone an der Kasse an (Vorreiter in Deutschland sind hier die Discounter).
- Richten Sie – neben den bestehenden Kassen mit Personal – SB-Kassen mit Selfscanning ein.
- Ermöglichen Sie mobiles Bezahlen bei Verkäufern, die mit Tablets ausgerüstet sind und Kunden eine Kartenzahlung abseits der Kassen ermöglichen.
- Bieten Sie das kassenlose Bezahlen per unternehmenseigener App an – Einscannen der Produkte und Bezahlung per Kreditkarte oder mit anderen Zahlungssystemen.
- Ermöglichen Sie das kassenlose Bezahlen per Kundenkarte mit Registrierung und Bezahlung nach Kontakt mit dem Preisschild.
- Richten Sie einheitliche Kassensysteme in Einkaufszentren bzw. Innenstädten ein.

Mein Tipp: Bequeme Bezahlmöglichkeiten einführen

Ob die Zukunft einem komplett kassenlosen System gehört, wird sich erweisen. Aktuell steht jeder Händler vor der Aufgabe, eine weise Entscheidung zu treffen, die Budget, Kernzielgruppe und technische Möglichkeiten auf einen Nenner bringt und den Convenience-Gedanken in den Vordergrund stellt.

Erfolgsrezept 10: Den Einkaufsprozess Station für Station justieren

Damit all das Wirkung zeigt, müssen natürlich die Basisprozesse stimmen. Es braucht ein solides Fundament, wenn man ein attraktives Gebäude errichten möchte.

Wenn Sie den Verdacht haben, dass Ihr Servicefundament an der einen oder anderen Stelle bröckelt, gehen Sie den Einkaufsprozess Schritt für Schritt durch:

- Wie wird der Kunde auf Ihr Geschäft aufmerksam?
- Wie findet er Sie?
- Wo kann er sein Auto oder Fahrrad parken?
- Wodurch wird der erste Eindruck bestimmt?
- Wie gut können Kunden sich am Point of Sale orientieren?
- Ist genügend qualifiziertes und freundliches Personal vorhanden?
- Wie angenehm ist das Ambiente?
- Stehen genügend Körbe für den Einkauf zur Verfügung?

- Stehen genügend Kassen zur Verfügung, auch in Stoßzeiten?
- Haben Kunden genügend Platz zum Einpacken der Waren?
- Wie ansprechend sind Verpackung und Tüten?
- Werden alle gängigen Zahlungsmittel akzeptiert?
- Werden Kunden freundlich verabschiedet?

Gehen Sie in einer »Customer Journey« Station für Station mit den Augen des Kunden Ihr Unternehmen durch. So können Sie auch Schwachpunkte erkennen. Fragen Sie sich selbst: »Wäre ich gerne Kunde in meinem Laden?«

Mein Tipp: Schicken Sie Testkäufer auf den Einkaufsparcours

Wenn Sie selbst sich für befangen erklären, entwerfen Sie einen Fragebogen und schicken Sie Testkäufer (»Mystery Shopper«) auf den Einkaufsparcours. Auf diese Weise lokalisieren Sie blinde Flecken in Ihrer Selbstwahrnehmung und können bei Missständen Gegenmaßnahmen ergreifen. Nach dem Pflichtprogramm nehmen Sie dann die Kür in Angriff und bieten Ihren Kunden Erlebnisse, die diesen Namen auch verdienen!

Erfolgsrezept 11: Berühre mich, begeistere mich

Mein schönstes Ferienerlebnis! Bis heute schreiben Kinder in der Grundschule diesen Aufsatz. Ich habe vier Kinder und entsprechend viele Aufsätze dieser Art gelesen. Das schärft zwangsläufig den Blick dafür, was ein gutes Erlebnis ausmacht.

Erstens: Erlebnisse sind etwas sehr Individuelles. Was für die Sechsjährige sensationell ist, findet der Zehnjährige zum Gähnen. Man muss also seine Kunden genau kennen und Erlebnisse ihren Interessen und Wertesystemen anpassen.

Zweitens: Mensch schlägt Sache. Da hat man die Unterkunft in bester Lage gebucht und die schönsten Ausflüge gemacht. Doch was bleibt als Highlight des Urlaubs hängen? Der mobile Eisverkäufer vor dem Hotel, der immer so lustige Witze gemacht hat. Das heißt: Super Ambiente ist schön, die menschliche Note ist wichtiger.

Drittens: Abwechslung ist Trumpf. »Wir waren jeden Tag am Meer und durften abends Pommes essen«, das klingt nicht wirklich erlebnisreich.

Kleine Geste oder große Inszenierung?

Was war Ihr schönstes Markenerlebnis? Keine Sorge, ich erwarte nicht, dass Sie einen Aufsatz schreiben. Ich stelle diese Frage immer mal wieder im Kollegen- und Bekanntenkreis.

BEISPIEL: BESONDERE AUFMERKSAMKEIT

Eine Dame erzählte mir, sie sei in einem großen Textilgeschäft von einer Verkäuferin nach Wochen wiedererkannt worden und dann habe diese gefragt, »Sie haben doch diese tolle Bluse von ... gekauft, oder?«.

Ein Bekannter berichtete, die Autowerkstatt habe seine Reparatur mit Blick auf sein Nummernschild unaufgefordert vorgezogen: »Sie müssen heute noch zurück nach Zürich? Dann schaue ich, dass wir Sie vorrangig drannehmen.« Tatsächlich habe er den Wagen nach einer kurzen Abstimmung der Reparaturannahme mit der Werkstatt am selben Nachmittag wieder abholen können.

Ich selber war begeistert von einer Buchhändlerin, die beim Kauf eines Kinderbuches nicht nur die übliche Geschenkverpackung anbot, sondern fragte: »Sie haben Kinder daheim?« und auf meine Entgegnung »Gleich vier!« lächelnd vier kleine Mitbringsel dazu legte.

Alleinstellungsmerkmal Empathie

Was all diese Beispiele verbindet: Sie zeugen von besonderer Aufmerksamkeit des Verkaufenden für den Kunden und sind dabei individueller, als der ausgeklügeltste Algorithmus für Onlineshops je sein wird. Der berechnet den Käufer als Marketingtarget und verrechnet sich oft genug. Empathie bleibt ein menschliches Alleinstellungsmerkmal.

Hier hat der stationäre Handel die größte Chance, und hier bietet ihm die Onlinekonkurrenz die größte Angriffsfläche. Denn im Gegensatz zum Onlinehändler kann der Verkäufer vor Ort die Kundenreaktion in Echtzeit erkennen, sehen, spüren und erleben. Und er kann in Echtzeit und wirklich individuell darauf reagieren. Das Verkaufspersonal schaut, wenn es will, in ein Gesicht und in ein Augenpaar. Wenn die Verkäufer sensibilisiert sind, dann ist das ein Pfund, mit dem jeder stationäre Händler wuchern kann, egal wie groß oder klein sein Laden ist, und egal wie hoch oder gering sein Marketingbudget ausfällt.

Mein Tipp: Ressource Aufmerksamkeit nutzen

Machen Sie sich klar, dass Aufmerksamkeit zu den knappsten Ressourcen unserer Zeit zählt, und dass noch so viele Facebook-Likes und Twitter-Follower die Sucht der Menschen nach Aufmerksamkeit nicht wirklich befriedigen.

Die gute Nachricht für alle kleinen und mittelständischen Betriebe lautet daher: **Kleine menschliche Gesten sind mindestens ebenso wirksam wie große Inszenierungen**.

Angenehmes oder interessantes Ambiente

Auf meine Frage nach dem schönsten Markenerlebnis höre ich eher selten von außergewöhnlicher Ausstattung, besonderem Design oder verblüffenden Store-Konzepten, und wenn, dann häufig von Profis aus dem Handel. Nun kann man mit Henry Ford mutmaßen, dass Kunden vielleicht gar nicht so genau wissen, was sie begeistert, bis sie es gesehen haben. Ford spottete bekanntlich, seine Kunden hätten sich schnellere Pferde gewünscht, wenn er sie vor dem Produktionsstart seiner Blechliesel Tin Lizzy nach ihren Wünschen gefragt hätte.

Und zweifelsohne ist ein **angenehmes oder interessantes Ambiente** wichtig, damit Kunden sich wohlfühlen, auch wenn sie es nicht selbst explizit fordern. Doch die Seele wird auch dem spektakulärsten Ambiente eingehaucht durch die Menschen, die dort arbeiten. Manchmal fehlt es eben genau daran: an Orten mit (Marken-)Seele. Menschliche Aufmerksamkeit nutzt sich niemals ab.

Hauchen Sie Ihrem Laden eine (Marken-)Seele ein!

Das können Sie besser als die Onlinekonkurrenz, die zweidimensional bleibt und persönliche Ansprache im Chatbot simuliert. Kein Wunder also, dass Kunden sich eher mit »analogen« Unternehmen identifizieren können als mit solchen aus der digitalen Welt. Schwer vorstellbar, dass Kunden sich »Amazon« auf den Oberarm tätowieren lassen, so wie manche Harley-Fans es mit ihrer Lieblingsmarke halten.

Planvoll kreativ: Das Kano-Modell der Kundenzufriedenheit

Wer Kunden begeistern will, muss ihre Erwartungen übertreffen. Im Gedächtnis haften bleibt, was aus dem Rahmen fällt. Das ist die Chance für ambitionierte Händler.

Das Kano-Modell der Kundenzufriedenheit differenziert in diesem Zusammenhang zwischen drei Merkmalen: Basismerkmalen, Leistungsmerkmalen und Begeisterungsmerkmalen.

Welches Merkmal bzw. welcher Grad der Kundenzufriedenheit erfüllt wird, entscheidet der Kunde. Daher bleibt Kundenkenntnis Trumpf! Ich wünsche mir, dass Händler experimentierfreudiger werden und regelmäßig etwas Neues ausprobieren, und zugleich entschlossener reagieren, wenn sie merken, dass der Großteil ihrer Kunden ein neues Angebot nicht goutiert. Auch, wenn es am grünen Tisch überzeugte.

Wenn Sie sich also fragen, was Sie noch alles tun sollen, um Kunden zu gewinnen und zu binden, und wie Sie die Zeit dafür aufbringen, denken Sie daran, dass Begeisterungsmomente kleine Hebel mit überproportionaler Wirkung sind. Sie gehen einen Schritt weiter, aber Sie kommen dadurch in eine ganz neue Zone der Kundenbegeisterung, in der Kunden zu Stammkunden werden, von Ihrem Laden erzählen und Sie aktiv als Marke weiterempfehlen (wie ich die tolle Buchhändlerin).

Achtung: Der Mensch ist ein Gewohnheitstier. Der Mensch gewöhnt sich an alles, besonders gern und schnell an das Gute. Der erste Metzger, der die Kinder der Kundschaft fragte, ob sie ein Scheibchen Wurst möchten, konnte damit Pluspunkte sammeln. Heute fragen manche Zwerge, wo die Wurst bleibt, noch bevor die Eltern die Verkaufstheke erreicht haben. Oder sie teilen dem Wurstverkäufer huldvoll mit, dass sie heute lieber eine Scheibe Käse hätten, Markennennung inklusive. Alles schon erlebt. Der Gag von heute ist der Gähner von morgen.

Das bedeutet: Nach der Idee ist vor der nächsten Idee, und Kundenbegeisterung ist ein Projekt, das nie endet.

Wie Sie Ihre Kunden begeistern – 10 Ideen

Von toten Pferden sollte man absteigen, lautet das Sprichwort. Steigen Sie also auf ein neues Pferd! Wenn Sie Kunden dauerhaft mit Ihrer Marke begeistern wollen, muss Ihnen also immer wieder Neues einfallen. Flankieren Sie eine Unternehmenskultur der Aufmerksamkeit und spontanen Herzlichkeitsgesten gegenüber den Kunden mit geplanten Begeisterungsaktionen. Je mehr Köpfe sich dabei einbringen, desto mehr Ideen werden geboren. Und da man die eigenen Kinder stets für die schönsten hält, wachsen mit der Eigenbeteiligung auch die Umsetzungschancen.

Begeisterungsaktion 1: Aktionspläne

Arbeiten Sie mit Ihrem Team in der zweiten Jahreshälfte einen Aktionsplan für das Folgejahr aus, in dem Sie für jeden Monat eine neue kleine Aktion ins Auge fassen. Dabei können Sie bekannte Anlässe aufgreifen: Fasching, Valentinstag, Muttertag, Vatertag, Schulanfang usw. Oder kreieren Sie eigene Anlässe: 100 Tage bis Weihnachten, Start der Gartensaison, Geburtstag des Minirocks.

Begeisterungsaktion 2: Ideenbox

Stellen Sie eine Ideenbox auf, in der Sie Mitarbeiter um Vorschläge bitten. Prämieren Sie die besten und setzen Sie diese gemeinsam mit Ihrem Team um.

Begeisterungsaktion 3: Feiertage einführen

Machen Sie jeden Tag zum Feiertag. Der Tag des Apfels, Der Tag der Familie, Der Tag des Haustiers usw. Es gibt Tausende Möglichkeiten, jeden Tag im Geschäft für die Kunden unvergesslich zu machen und das Einkaufserlebnis bleibend zu gestalten.

Begeisterungsaktion 4: Kalender miteinbeziehen

Nutzen Sie kuriose Jahres- und Feiertage. Wussten Sie zum Beispiel, dass der 11. Januar der »Tag des Pfützenspringens« ist? Eine Steilvorlage für den Gummistiefelverkauf. Der 10. März dagegen ist der »Internationale Dudelsack-Tag«. Wer keine Dudelsäcke mag, kann an diesem Tag auch Super Mario feiern. Es gibt also für jedes Sortiment Anlässe, die Sie humorvoll aufgreifen können. Und Humor bewährt sich nicht nur beim Flirten mit dem anderen Geschlecht, sondern auch beim Flirt mit dem Kunden.

Begeisterungsaktion 5: Schenken Sie Freude

Überlegen Sie, womit Sie Kunden eine besondere Freude machen können. Spendieren Sie bei Eiseskälte einen heißen Tee. Verteilen Sie Anfang Dezember Listen mit »Besten Geschenktipps für Männer/Frauen/Teenager«. Denken Sie dabei nicht nur an das eigene Sortiment, richten Sie eine Tauschbörse für begehrte Sammelbildchen zum aktuellen Stickeralbum aus.

Begeisterungsaktion 6: Tun Sie etwas Gutes

Sammeln Sie für einen guten Zweck und runden Sie das Ergebnis großzügig auf. Führen Sie Pfandtüten ein, die Kunden gegen eine geringe Gebühr erwerben und im Laden zurückgeben können. Sponsern Sie das Kinderfußballvereinsturnier und bringen Sie eine Pinnwand mit Fotos und Fußballergebnissen im Laden an.

Begeisterungsaktion 7: Happy Birthday

Gratulieren Sie Inhabern einer Kundenkarte zum Geburtstag. Und zwar nicht mit einem unpersönlichen Rabattgutschein, sondern persönlich beim nächsten Besuch. Versenden Sie statt Werbekarten solche mit einer verheißungsvollen Ankündigung: »Auf Sie wartet ein Geschenk!« Feiern Sie auch Kundenjubiläen, honorieren Sie es, wenn jemand ein Jahr, fünf Jahre oder gar länger zu Ihren Kunden zählt.

Begeisterungsaktion 8: Kleine Aufmerksamkeiten

Machen Sie Kunden unverhofft eine Freude, indem Sie kleine Geschenke verteilen wie Rosen zum Sommeranfang, Mini-Schokoladen-Nikoläuse am 6. Dezember, Erkältungstee an Schlechtwettertagen.

Begeisterungsaktion 9: Wecken Sie die Sammelleidenschaft Ihrer Kunden

Wer 10- oder 20-mal bei Ihnen eingekauft hat und das per Sammelheft dokumentiert, bekommt ein Präsent.

Begeisterungsaktion 10: Bieten Sie interessante Veranstaltungen an

Am besten bieten Sie solche Veranstaltungen an, bei denen Kunden mitmachen können. Whiskey Tasting, Weinseminar, Kartoffelkurs, Käsekunde, Kochkurs »Das perfekte Sommermenü«. All das gibt es schon in ambitionierten Supermärkten und Kunden sind durchaus bereit, für solche Veranstaltungen zu zahlen, wenn Inhalt und Ambiente stimmen. Was hindert Sie, Ihre Expertise im Laden zu plakatieren und wissbegierigen Kunden Einblick in Ihr Business zu bieten?

Erfolgsrezept 12: Markenzweck – mit Schokolade gegen Kinderarbeit

Von den Begrifflichkeiten her, meine ich, ist es nicht erfolgsentscheidend, von »Journey« oder »Centricity« zu sprechen. In beiden Fällen geht es um den Kunden. Wichtig ist, und das hat sich die letzten Jahre nicht geändert, eher noch verschärft, der Markenzweck (Brand Purpose).

BEISPIEL: TONY'S CHOCOLONELY

Schon einmal etwas von der Marke »Tony's Chocolonely« (https://tonyschocolonely.com) gehört? Tony's Chocolonely will die Schokoladenindustrie von innen heraus verändern mit dem Ziel, Schokolade sklavenfrei zu machen. In diesem Augenblick arbeiten »Sklaven« auf Kakaofarmen in Westafrika. Viele von ihnen sind Kinder. Tony's Chocolonely ist da, um das zu ändern. Kinderarbeit und moderne Sklaverei sind illegal, beides muss aufhören. Ihr Leitplan besteht aus drei Teilen: Bewusstsein schaffen, mit gutem Beispiel vorangehen, zum Handeln inspirieren. (Quelle: Prospekt eines Lebensmittelhändlers, 8. April 2021)

Als ich das gelesen habe, war es erst einmal aus mit der zarten Versuchung. Die Versuchung stieg, die Marke zu wechseln. Dieses Statement einer Marke verfolgt einen klaren Zweck: Mehr Gerechtigkeit auf dieser Welt.

Erfolgsrezept 13: Markenwerte – Tu Gutes, rede darüber!

Oscar Wilde hat schon treffend formuliert: Kunden kennen von allem den Preis – aber von nichts mehr den Wert. Diesen Wert gilt es neu zu vermitteln. Die Wertermittlung muss ein ständiger Reisebegleiter bei jeder Customer Journey sein. Werte haben ihren Preis. Ob der Kunde bereit ist, fast das doppelte zu bezahlen für eine »gerechtere Schokolade«, lasse ich an dieser Stelle einmal offen. Langfristig wird er es im wahrsten Sinne des Wortes aber in Kauf nehmen müssen.

Stellen Sie sich selbst anhand des Beispiels von Tony's Chocolonely Fragen zu Ihrem Produkt, Geschäftsmodell und Ihrer Marke:

- Welchen Wert vermittelt Ihre Marke?
- Kennen Ihre Kunden den Markenzweck?
- Sind Ihnen die Produktions- und Arbeitsbedingungen bekannt?
- Kennen Sie die »Reiseziele« Ihrer Kunden?
- Welchen Zweck verfolgt Ihre Marke?

Mein Tipp: Zeigen Sie Markenzweck und Markenwert

Tun Sie Gutes und reden Sie darüber. Haben Sie zum Beispiel Ihre Botschaft in den Geschäftsräumlichkeiten präsent? Zeigen Sie, was Ihre Marke verspricht und was ihr Zweck ist? Machen Sie das öffentlich!

Extra: Der freie Stuhl steht für den Kunden

Lesen Sie im Folgenden das Statement meines hochgeschätzten Kollegen, Klaus Magele aus Wien, zum Thema Customer Journey: Was Markenführung und Menschen mit Kundenzentrierung und Reisen zu tun haben.

> Ist es Ihnen auch schon aufgefallen? Nach dem Thema Nachhaltigkeit kommt jetzt das Trendthema »Customer Centricity«. Man hat das Gefühl, alle reden davon, jede Menge (Fach-) Bücher erscheinen, Tutorials über alle gewöhnlichen und ungewöhnlichen Kanäle laden ein, mehr über das Thema Custo-

mer Centricity zu lernen. Aber was ist Customer Centricity und wofür wird sie benötigt?

Eine Übersetzung ins Deutsche schafft vorerst Klarheit: Kunden-zentrier-*ung*. Den Kunden ins Zentrum der Aktivitäten setzen? Richtig! Das Thema Kundenzentrierung ist genau genommen so alt wie der Handel. Früher standen sich Händler und Kunde gegenüber. Der eine sagte »ich habe«, der andere »ich brauche«. Schnell wurde man sich einig und es wuchs eine fruchtbringende Kundenbeziehung heran. Heute würde man sagen, dass schon damals Customer-Relationship-Management betrieben wurde, kurz CRM. Zwischenzeitlich haben jedoch die meisten Händler verlernt, den Kunden als denjenigen wahrzunehmen, der er ist. Nämlich derjenige, dessen Wünsche befolgt werden sollten. Und zwar *immer*. Bevor wir Händler dazu übergegangen sind, Kunden zu bevormunden, sie mit Ware zu überschütten und zu diktieren, was sie brauchen, etablierten sich bereits Marken, die ein klares Versprechen gaben. Sie beherrschen es, dieses »ich habe« etwas lauter auszurufen als andere, sowie für ein bestimmtes Produkt oder eine Produktgruppe zu stehen. Man denke an Tempo, Coke, McDonalds, Nokia, Blackberry, Tupperware etc. Manche Marken haben nicht so gut aufgepasst, wohin die Kundenwünsche gehen, andere können das auch heute noch sehr gut. Und einige wenige – und das sind die Besonderen – wissen sogar schon, was der Kunde will, bevor ihm das selbst bewusst ist.

In meiner mittlerweile über 35-jährigen Karriere im Handel wiederholte sich eines immer wieder. Jedes Mal, wenn ich eine Marke sah, deren Logo und Auftreten aus einem Guss erschienen, faszinierte mich diese. Ein gutes Markenlogo gepaart mit einer guten Story, das ist schon ein wertvoller Schritt. Allerdings nur ein erster. Mein erstes Markenerlebnis, an das ich mich erinnern kann, ist das von *Elefanten*-Schuhen. Meine Kinderschuhe wollte ich nur, wenn ich auch den Anhänger in Form eines kleinen, roten Elefanten dazu bekam. Der kleine Elefant half so gesehen auch beim Anprobieren. Offenbar hielt das Produkt auch sein Versprechen, da meine kleine Schwester viele meiner Schuhe noch »auftragen« durfte. Man könnte also mit Sicherheit behaupten, *Elefanten* hat damals etwas richtig gemacht, weil ich Ihnen heute diese Geschichte erzähle.

Je mehr ich mich später in meiner beruflichen Laufbahn mit dem Thema Marke und Markenführung beschäftigte, desto tiefer wurde meine Überzeugung, hinter die Fassade des Augenscheinlichen blicken zu müssen, wenn ich erfahren möchte, ob eine Marke ihr gegebenes Versprechen erfüllt.

Und tatsächlich. Leider steckt hinter einem großartigen Logo oder einem beeindruckenden Marketingauftritt nicht immer ein Versprechen in Form einer herausragenden Leistung, die auch langfristig mit dieser Marke in Verbindung gebracht werden kann. Diese Enttäuschung hinterlässt Spuren und wir vergessen die so großartig gepushte Marke und ihre Botschaft. Selten etabliert sich eine Marke längerfristig, die nicht hält, was sie verspricht oder nicht auf ihre Kunden hört.

Heute weiß ich, dass erfolgreiche Marken immer eines gelernt haben, nämlich Brand Management – Markenführung.

Und, dass Markenführung immer ein integrierter Bestandteil einer guten Customer Journey – der Kundenreise – ist. Starke Marken haben Ecken und Kanten, einen Charakter, Stärken und Schwächen, wie wir Menschen auch. Wir alle stehen für eine Überzeugung, starke Marken ebenfalls. Menschen folgen Marken, wenn diese ihrem Wertesystem entsprechen. Und wenn sich mehrere Faktoren überschneiden, nämlich ein klares Produktversprechen, ein ersichtliches Wertesystem und ein überzeugender Auftritt, dann schlagen wir als Konsumenten gnadenlos zu.

Ganz am Anfang der Markenführung steht allerdings immer die Definition des Markenkerns. Wofür steht Ihr Unternehmen? Was können Sie besonders gut? Was macht Sie einzigartig? Machen Sie die Probe. Stellen Sie eine dieser drei Fragen einem Mitarbeiter in Ihrem Unternehmen oder fragen Sie Freunde, wofür ihre Lieblingsmarke steht. Sie werden schnell erkennen, dass entweder langes Schweigen oder ein Argument, wie aus der Pistole geschossen, folgt – je nachdem, ob die Marke positive Spuren in ihrem Leben hinterlassen hat oder nicht. Probieren Sie es aus! Sie werden staunen.

Bei allen Überlegungen, was eine gute Marke ausmacht, stellt sich noch eine andere wichtige Frage. Wie nehmen Ihre Mitarbeiter ihr eigenes Unternehmen wahr? Kunden werden nicht allein durch die Kraft von Marken und deren Geschichte zu Fans, sondern vor allem durch die Kreativität und die Begeisterung Ihrer Mitarbeiter. Beispielsweise könnte man Steve Jobs und die Entwicklung des iPhones heranziehen. In seinem Buch beschreibt er, dass es sein Ziel war, dass die

Bedienung eines iPhones so einfach und intuitiv sein müsste, »wie eine Kuh gehen lernt«. Die Vorgabe an sein Entwicklungsteam folgte einer klaren Idee: Einfachheit und Kundennutzen. Niemand hatte je zuvor ein Smartphone mit einem großen Display gesehen und keiner wusste, dass man es braucht. »Ich brauche« wurde in einen Lifestyle-Begriff transformiert, nämlich zu »ich will es haben«. Dank seiner klaren Vision und seiner motivierten Mitarbeiter.

Mindestens genauso wichtig wie eine gute Markenführung und begeisterte Mitarbeiter, die einer Vision folgen, sind kundenzentriertes Denken und Handeln. Das heißt, den Kunden in seine unmittelbare, mittel- und langfristige Unternehmensstrategie einzubinden. Zu überlegen, was könnte mein Kunde brauchen? Die Veränderungen des Marktes und die Entwicklung seiner Kunden permanent in die Unternehmensentwicklung miteinzubinden, ist dabei überlebenswichtig. Zudem muss man seinen grundsätzlichen Prinzipien (im Fall von Apple »Einfachheit und Kundennutzen«) treu bleiben, wenn man als Marke langfristig wahrgenommen werden will.

Wer seine Kunden versteht, seine Mitarbeiter vom Mehrwert der Kundenzentrierung überzeugt, sowie seine Lieferanten auf diese Bedürfnisse ausrichtet, schafft es auch, ein perfektes wie erfolgreiches Kundenerlebnis zu bieten und den Markenwert langfristig zu steigern.

Aus meiner Sicht ist es die unabdingbare Pflicht einer guten Kundenzentrierung *und* einer guten Markenführung, die Menschen – Mitarbeiter wie Kunden – ins Zentrum der Überlegungen zu rücken. Erst wenn das Beziehungsdreieck zwischen Kundenwünschen und -nutzen, Markenführung und Mitarbeitern wechselseitig interagiert, ist das Fundament für eine gute und andauernde Customer Journey gelegt.

Über Elon Musk wird gesagt, dass er in Meetings immer einen Platz am Konferenztisch frei lässt. Der freie Stuhl steht für den Kunden und seine Meinung. Mich fasziniert diese Idee. Was würden Ihre Kunden sagen, säßen sie auf diesem Stuhl? Welchen Produktnutzen würden sie ableiten, welche Produkte könnten sie in Zukunft brauchen, welche Services würden sie begeistern, wie empfinden sie den Umgang mit Reklamationen oder Rückfragen, und wie werden meine Prozesse und Abläufe von den Kunden wahrgenommen?

Sollten Sie sich diese Fragen zukünftig öfter stellen, dann sind Sie auf einem guten Weg zu einer perfekten Customer Journey – einer Reise, die Ihre Kunden begeistern wird!

Klaus Magele, Consultant

Spezial 1: Der Future Store – 24/7 und noch mehr

Yes, we're open! Kauft lokal! Wenn du ihn nicht schlagen kannst (Anmerkung: Mitbewerber oder Online-Handel) – verbünde dich mit ihm. Vom Einzelhändler zum Gemeinschaftsanbieter. Es klingt wie ein Überraschungsei, aber gibt es das im stationären Handel? Der Shop steht stellvertretend für eine Innenstadt, Tourismusregion oder eben einen »Future Store«.

Basics: Welche Kundenfrequenz bietet der Standort?

Für ein revolutionäres Konzept braucht es einige Basisüberlegungen: Der Kunde sucht einen Nutzen – und kein Produkt. Diesen Nutzen gilt es zu stiften. Anders als bei klassischen Shoppingcentern gilt es in Innenstädten eine Sogwirkung zu »erfinden«.

- Die Basisfrequenz bildet der gegebene Traffic – also die bereits vorhandene Kundenfrequenz.
- Eine Zusatzfrequenz ist durch umliegende Geschäfte gegeben.
- Von einer Mieterfrequenz kann an dritter Stelle ausgegangen werden, die durch benachbarte Restaurants, Fitnesscenter, Büros und andere Mieter ebenfalls bereits vorhanden ist.

Mit Laufkundschaft oder Impulsfrequenz kann im Moment nicht kalkuliert werden.

Retail is detail

Nach meiner Einschätzung ist mit einem gelernten und konventionellen Konzept ein Future Store in *nicht* zentraler Lage nicht wirtschaftlich rentabel. Allein 24/7 als Argument sticht zu wenig. Es braucht Leben im Center und in der Umgebung. Es muss trendig sein und »Talk of Town«. Es fahren nicht genügend Kunden nachts in einen Markt mit 150 m², um einen Liter Milch zu kaufen. Es braucht Bedarfs*weckung* vor Bedarfs*deckung*. Das gilt umso mehr nach Mitternacht.

Marktakzeptanz generieren – für Ihr revolutionäres Konzept

Wie könnte so ein revolutionäres Konzept Marktakzeptanz gewinnen? Viele Marken befassen sich damit. Im Endeffekt ist es nichts anderes als ein »begehbarer Automat«. Diese Sichtweise hilft in der Konzepterstellung. Nachstehend gehe ich auf die zentralen Fragestellungen ein.

Die aktuellen Trends

- Food-Halls sind die neuen Marktplätze und sozialen Begegnungsflächen. Gesundheitstrends wie die Suche nach neuen Proteinquellen, Nachhaltigkeit (Herkunft hat Zukunft), vegan, free from ..., Juices & Smoothies sind nicht neu. Zuckerreduktion, plastikfrei, unverpackt und ohne Palmöl bringen die Industrie zum Verzweifeln. Kann der stationäre Handel die Lösung bieten?
- Grab & Go, Coffee to go, Meal-Kits, Ready-to-Eat, -Heat, -Cook. Diese Trends könnten die notwendige Kundenfrequenz generieren.
- Retail Theatre ist ein der Megatrends in der Shopgestaltung, verbunden mit Store Transactions (Payment, Compact Selfcheckout, Selfscanning, Click & Collect) und intelligenter Beleuchtung (Dynamic Lighting, LED-Solutions, Energy Efficient).

Die klassischen 4P

Product = Place = Product, lautet die Formel: Primäres Produkt ist die Innenstadt – in deren Zentrum sich der Future Store befindet. Die Sortimentierung leitet sich aus der Positionierung und Konzeptionierung ab.

Im traditionellen Handel haben Frischwaren – also Früchte und Gemüse, Molkereiprodukte, Eier, Brot und Backwaren, Fleisch und Charcuterie, Tiefkühlprodukte, Convenience und Take-away – einen Anteil von rund 50 Prozent am Gesamtumsatz. Hauptumsatztreiber sind die Molkereiprodukte. Food – Getränke mit und ohne Alkohol, Frühstück, Schokolade, Süßwaren, Snacks, Grundnahrungsmittel – steuert rund 25 Prozent zum Umsatz bei und übrig bleibt noch Near-Food – Kosmetik, Wasch-Putz-Reinigungs-Mittel, Hygiene, Rauchwaren, Pet-Food – und Non-Food – Haushalt, Papeterie etc. Präsentiert werden nur Schnelldreher – die absoluten Top-of-Mind-Produkte und Marken. Ohne Firlefanz.

Price: Wie schon erwähnt, es gilt Konzeptmarketing vor Preismarketing! Denn: Nur wegen des Preises fährt niemand in einen Future Store. Wenn, dann geht er zur Tankstelle. Kunden, die man über den Preis gewinnt, verliert man auch über den Preis, lautet die uralte Weisheit. Deshalb sehe ich die Preispositionierung im »gehobenen Mittelfeld«. Gänzlicher Verzicht auf Preiseinstieg und Eigenmarken (Everyday Low Price Concept), keine Flugblattwerbung in der Umgebung. Gänzlicher Verzicht auf die handelsüblichen »Schweinebauchanzeigen«, außer zur Eröffnung. Es gilt nur das »Word of Mouth«, davon hängt der Erfolg ab.

Für die Preisauszeichnung im Store sehe ich eine ESL-Lösung (Electronic Shelf Label). Diese kleinen Taschenrechner am Regal bzw. Produkt kennzeichnen den Preis. Großer Vorteil: Das händische Umstellen entfällt. Der Preis ist mit dem Kassensystem gekoppelt. Nebeneffekt: Dynamic Pricing kann gespielt werden. Es ist möglich, ab 20:00 Uhr andere Preise ins Kassensystem einzuspielen, ohne die Regaletiketten zu wechseln. Das Etikett am Regal ist elektronisch gesteuert bzw. mit der Preispflege im System gekoppelt. Preisanpassungen bei Happy Hour (aufgrund Überlager) oder ab 35 Grad Celsius Außentemperatur bei Getränken können »gespielt« werden.

Promotion: Keine klassische Handelswerbung, es gilt, disruptiv neue Wege zu suchen. Social Media werden ebenso wie Standort als Promotionsfaktor genutzt.

People: Vermutlich wird kein handelsüblicher Retail-Operator von diesem Konzept überzeugt sein. Moderne besiegt Tradition. Die Richtige oder den Richtigen zu finden, ist der Flaschenhals der Entscheidung. Dies spricht für eine Interessensgemeinschaft als Shopbetreiber: Das »Who's who« der Branche initiiert einen Flagship-Store, die Besten in den Disziplinen Ladenbau, Shopdesign und Markensortiment vereint in einem Erfolgskonzept. Kompromisslose Sicherheit vor allem dann, wenn keine »People« im Laden sind.

Entwickeln Sie die passende Sortimentspolitik für Ihre Marke

Spontane und unspontane Überlegungen, die dieses Konzept tragen könnten:

Die Partner: Lernen von den Besten! Oder anders ausgedrückt: Wer befasst sich noch mit diesen Themen. Die Euroshop in Düsseldorf befasst sich alle zwei Jahre intensiv mit diesen Themen. Fortschrittliche Überlegungen gibt es z. B. von Wanzl. Das Unternehmen HL-Display sieht Einkaufen als Erlebnis und nicht als Notwendigkeit: speziell in der Wahl von Möbeln für verpackte und unverpackte Produkte (Wiederbefüllbarkeit), intelligenter Nachschub der Regale. Das Unternehmen Umdasch wäre auch noch ein Ergänzungspartner. Der Laden muss ja auch eingerichtet werden, ein intelligentes Kassensystem nicht zu vergessen.

Der Charme an diesen Partnerschaften: Finanzielle Beteiligungen der Partner sind nicht ausgeschlossen – es sitzen alle im gleichen Boot – und ermöglichen zugleich eine Risikominimierung.

Die Lieferanten: Aufgrund der besonderen Lage und Situation braucht es eine ausgeklügelte Sortimentspolitik. Jede Kategorie wird exklusiv an einen Partner vergeben: The winner takes it all.

Verfolgt man den Ansatz »Herkunft hat Zukunft«, setzt man (fast) ausschließlich auf die Region. Aus der Region – für die Region. Statt Leistungsbeiträgen sind Lieferanten für die Bewirtschaftung vollumfänglich verantwortlich, inklusive Möbel, Lagerhaltung und Bewirtschaftung.

- »And the coffee goes to ...« – *Tchibo* ist nicht erklärungsbedürftig. Ein fertiges Modul inklusive Merchandising könnte ein weiterer Erfolgsbaustein sein in dieser Toolbox. Alternativ gibt es genügend Kaffeekonzepte am Markt – oder man überzeugt einen Restaurantbetreiber davon, die Ausstattung mit zu verhandeln: Nespresso oder gibt es auch abgekapselten Erfolg? *Blue Circle Coffee* heißt die neue Zauberformel. Zu Hause verbraucht und im Garten kompostierbar, das bietet diese Kapsel als Erste weltweit. Ein bahnbrechendes Konzept.
- Die Schokoladenseite des Lebens könnte *Lindt & Sprüngli* abdecken. Analog den Konzepten in Flughäfen und Shoppingmalls. Alternativ dazu spielt auch *Läderach* Schokolade-Kompetenz. *Supernutural* ist ein Konzept für »selbstgemachtes Nutella – frisch gezapft«. Voll im Trend und ein »Reason why«, um in den Laden zu kommen. Unverpackt und ein echter Mehrwert im Kundennutzen.
- Ins richtige Licht gerückt, verkauft sich alles leichter. *Zumtobel*-Licht aus Vorarlberg – mein Heimvorteil – hätte sicher die passende Lösung parat.
- Im Wein liegt die Wahrheit, welche Vinothek darf es sein? Italienisch oder Malanser aus der Bündner Herrschaft?

- Fisherman's Friend und everybody's darling? Verival vertreibt auch mehr als gesunde Müsliriegel. Oder »Young & Urban« mit dem Motto »Gib dem Start-up eine Chance«. Ähnliches gibt es in fast jedem Bereich, getrieben von Jungen Wilden. Gerne wiederhole ich: Konzeptmarketing vor Preismarketing.
- Alternativ dazu kann jeder Produzent mit Sogwirkung ein besonderer Baustein in diesem Mosaik sein. Egal, ob »Meat in the City« für die besten Bratwürste: Storytelling is the Message. Vielleicht gibt es überregionale Anbieter, die exakt in die Innenstadt wollen, um der Konkurrenz wehzutun oder deren Hoheitsgebiet anzugreifen?

Das beste Eis der Stadt – nicht nur im Sommer – ein großer Erfolg als Nische und auch als Standort in meiner 6.000 Seelengemeinde ein voller Erfolg. Radfahrer und Fußgänger – ja auch Autofahrer – stehen Schlange.

Service is our success: Frequenzbringer oder andere Convenience-Ideen realisieren? Ein schlaues Friseurkonzept könnte sich rechnen, für Mieter und Vermieter. Wartezeit beim Arzt und davor oder danach zum Friseur?

Ein Apple-Store wird sich in keine dieser »Niederungen« – aus Sicht *dieser* Marke – verirren. Aber vielleicht gibt es einen anderen Store, einen »Handy Doctor«?

Spezial 2: Charity-Shopping – eine Win-win-win-Situation schaffen

Markenführung ist keine Ansichtssache – der Kunde steht im Mittelpunkt. Allerdings, das haben die Kannibalen aber auch schon gesagt. Wie geht man mit diesem Konflikt um? Lesen Sie dazu zwei charmante Ansätze.

Ansatz 1: Charity-Shopping. Lesen Sie, wie eine Win-win-win-Situation kreiert werden kann. Absolut nachahmenswert und sichert die Kaufkraft im Ort.

Ansatz 2: Was haben Einkaufszentren und Innenstädte bzw. Tourismusregionen gemeinsam? Erstere sind überdachte Verbünde von Einzelhändlern. Zweitere auch, sie sind nur nicht überdacht.

Durch diese Sichtweise lassen sich erfolgreiche Ansätze von Shoppingmalls kopieren und auf Innenstädte bzw. ganze Regionen adaptieren. Lesen und urteilen Sie selbst. Beginnen wir zunächst mit Ansatz 1.

Bekanntheit schaffen und an Attraktivität gewinnen

Als Markenbotschafter und Gründungsmitglied von CityLife in Offenburg – eine Plattform zur Stärkung des stationären Handels –, stelle ich Ihnen die Idee gerne vor. Marc Eisinger ist Gründer der CityLife EWIV und auf Basis seiner Überlegungen soll hier im Folgenden das Konzept von Charity-Shopping erklärt werden, wie es funktioniert, was ein lokaler Wirtschaftskreislauf damit zu tun hat, wie das Gesamtkonzept aussieht, was die Vorteile für Einkaufspartner und was die Vorteile für die Empfänger der Spenden sind.

Wie Charity-Shopping funktioniert

Charity-Shoppingportale nutzen schon seit über zehn Jahren die emotionale Verbindung von Menschen zu ihren Lieblingsvereinen und locken mit dem Charity-Gedanken zum Einkaufen ins Internet.

BEISPIEL: SCHULENGEL

So sind beispielsweise bei schulengel.de zwischenzeitlich bundesweit mehr als 11.000 Fördervereine von Kindergärten und Schulen gelistet, die ihren Mitgliedern flüstern: Geht doch bitte über schulengel.de im Internet einkaufen, um mit jedem Einkauf eine Spende für unseren Förderverein auszulösen.

Und weil dieses Programm seit 2008 bei den vielen unterschiedlichen Charity-Shoppingprogrammen so erfolgreich funktioniert, hat sich Branchenriese Amazon 2016 dazu entschieden, dieses Charity-Shopping mit einem eigenen Programm umzusetzen. Und wenn sich ein Weltmarktführer wie Amazon für ein solches Programm entscheidet, dann sicherlich nicht nur, um das mal auszuprobieren, sondern, weil die Analysten ganz klar gesehen haben, dass es für den eigenen Profit ein wichtiges Programm ist. So bekommt jeder User, der sich auf der Plattform von Amazon bewegt, früher oder später ein Pop-up angezeigt und wird aufgefordert, zu Amazon Smile zu wechseln, um mit jedem Onlinekauf eine Spende für den eigenen Lieblingsverein auszulösen. Denn Amazon Smile spendiert bei jedem Einkauf ein halbes Prozent der Einkaufssumme an den Lieblingsverein des Einkaufenden.

Und da jeder Verein Geld braucht, melden sich nicht nur User bei Amazon Smile an, sondern auch jede Menge Vereine. So sind beispielsweise in einer Stadt wie Karlsruhe mit rund 300.000 Einwohnern bereits mehr als 220 Einrichtungen und Vereine als Spendenempfänger gelistet und flüstern ihren Mitgliedern das zu, was ich schon oben notiert hatte: »Geht doch bitte über …«.

Damit die Wertschöpfung aber in der Region bleibt und nicht jeder über Amazon Smile im Internet einkauft, ist es immens wichtig, den Einrichtungen und Vereinen eine lokale Alternative zu den vielen Charity-Shoppingportalen zu geben, damit diese ihre Mitglieder dorthin schicken können, wo sie sich auch die Tombolapreise für die nächste Weihnachtsfeier oder Werbekunden für die eigene lokale Ebene erfragen.

Aus diesen Gründen wurde Deutschlands erstes »Charity-Shopping auf lokaler Ebene« gegründet. Wer sich als Einkaufspartner anschließt, sorgt dafür, dass die Einkäufe dort bleiben, wo sie allen nutzen: Vor Ort in der eigenen Heimat!

Was ist ein lokaler Wirtschaftskreislauf und wie funktioniert er?

Mit »Charity-Shopping auf lokaler Ebene« werden nicht nur Marktanteile für den lokalen Handel gewonnen. Es wird auch eine lokale Kaufkraft durch die Bindung der örtlichen Arbeitgeber an ein lokales Zahlungsmittel geschaffen.

BEISPIEL: LOKALE ZAHLUNGSMITTEL ERZEUGEN LOKAL KAUFKRAFT

Nehmen wir eine Stadt mit 100.000 Einwohnern, sprechen wir von durchschnittlich 35.000 sozialversicherungspflichtigen Arbeitsplätzen. Würden diese 35.000 Arbeitnehmer jeden Monat einen Nettolohn von 44 Euro von ihrem Arbeitgeber in einem lokalen Zahlungsmittel erhalten, dann würde dies Monat für Monat eine lokale Kaufkraft von 1,5 Mio. Euro erzeugen. 1,5 Mio. Euro Monat für Monat, die dann nur in der eigenen Stadt ausgegeben werden können.

Deshalb gehen Sie mit den lokalen Arbeitgebern aktiv ins Gespräch, um sie von dieser Form der Bezahlung (übrigens steuerfrei) zu überzeugen.

Doch leider laden immer mehr Arbeitgeber den Nettolohn auf die Mastercard ihrer Mitarbeiterinnen und Mitarbeiter und öffnen damit Tür und Tor, dieses Geld nicht lokal, sondern weltweit auszugeben, also auch bei Amazon & Co. Besser wäre es, diesen Nettolohn auf eine Smartphone-App zu laden oder die Nettolohn-Dienstleistung in Form von Geschenkgutscheinen des örtlichen Gewerbevereins zu vergüten, damit die Kaufkraft in der Stadt bleibt, in der ja auch deren Auszubildende von morgen aufwachsen.

Wie das Gesamtkonzept aussieht

Als Beispiel dient eine Stadt mit 100.000 Einwohnern. Das langfristige Ziel ist, eine monatliche Kaufkraft in Höhe von 500.000 Euro zu produzieren, die nur lokal ausgeben werden kann. Der Einzelhändler vor Ort steht im Ringen um diese Kaufkraft also nur mit den Einzelhändlern aus seiner Branche in dieser Stadt im Wettbewerb und nicht mit allen Branchenmitbewerbern auf der ganzen Welt – und damit auch nicht mit Amazon & Co.

Schauen wir uns die Kaufkraftpotenziale an:

- Vom Bundesverband deutscher Vereine & Verbände wissen wir, dass durchschnittlich etwa jeder zweite Deutsche aktiv oder passiv in mindestens einem Verein Mitglied ist. Es kann also davon ausgegangen werden, dass in einer Stadt mit 100.000 Einwohnern rund 50.000 Menschen in einem Verein sind. CityLife ist überzeugt, dass es möglich ist, 10 Prozent dieser Vereinsmitglieder über die örtlichen Vereine zu motivieren, 50 Euro im Monat lokal auszugeben, um ihren Verein mit einer Spende zu unterstützen.
- Weiter ist es durchaus möglich, mindestens 15 Prozent der Bevölkerung einer Stadt zu motivieren, zwei Gutscheine im Jahr à 50 Euro zu kaufen. Und die Tatsache, dass mit jedem Gutscheinkauf eine Spende für den eigenen Lieblingsverein ausgelöst werden kann, macht sicher, dass diese Zahl eher zu niedrig als zu hoch ist.

Erfreulich ist, dass die Deutsche Stadtmarketing Gesellschaft dieses Gesamtkonzept geprüft hat und den bundesweiten Ausbau fördert.

Welche Vorteile Charity-Shopping für wen hat

Vorteile als Einkaufspartner

Wie bekannt sein dürfte, sind Gutscheine des Deutschen liebstes Kind, wenn es um Geschenke geht. Konkret wissen wir, dass der Durchschnittsdeutsche 6,3 Geschenkgutscheine à 100 Euro pro Jahr verschenkt.

Bei »Kauf Lokal« sieht der Gutschein so aus, dass es sich um einen QR-Code handelt, der den Vereinen als Aufkleber kostenlos zur Verfügung gestellt wird.

Alles, was die Vereine selbst machen müssen, ist einen Träger für diesen Aufkleber zu entwickeln. Das könnte beispielsweise einfach nur ein Postanschreiben sein, an dem sie den Aufkleber mit einer Büroklammer befestigen oder eine von den Vereinen speziell entwickelte Gutscheinkarte mit deren Logo. Haben Vereine in ihrem Netzwerk beispielsweise einen Weinproduzenten, dann fragen sie diesen, ob dieser deren Aufkleber auf seine Weinflaschen aufbringen möchte. Die Hauptsache ist, dass so viele Menschen wie möglich den Aufkleber sehen.

Denn was glauben Sie, werden Menschen tun, wenn sie einen QR-Code sehen, auf dem der Hinweis steht »Ich bin ein Gutschein, bitte scan mich!«? Genau, sie werden neugierig ihr Smartphone nehmen und den QR-Code scannen, um zu erfahren, um was für einen Gutschein es sich hierbei handelt. Schließlich könnte man ja Geld verlieren, wenn man nicht nachschaut. Und sie werden erfahren, dass der Gutschein leer ist – noch leer ist, denn sie werden auch erfahren, dass sie diesem Gutschein selbst einen Wert geben können, indem sie Guthaben aufladen – schnell und ganz einfach über den Onlineshop.

Und weil die Vereine durch das Verteilen dieser Gutscheine eine Spende für die eigene Vereinskasse erhalten können, werden sie diese Gutscheine auch gerne in Umlauf bringen.

Der Beschenkte wird ebenfalls den QR-Code mit seinem Smartphone scannen. Da sich jetzt allerdings Guthaben auf dem Gutschein befindet, kann sich der Beschenkte dieses Guthaben gleich in seinem Smartphone sichern und beim nächsten Einkauf mit diesem Guthaben bezahlen.

Die Einkaufspartner von CityLife müssen den Bezahlvorgang nur abschließen, indem Sie den zum Bezahlen vorgezeigten QR-Code wiederum mit ihrer App einfach nur abscannen und damit den Wert des Gutscheins in die eigene App übertragen.

> **Mein Tipp: Marktanteile aus dem Internet in die Stadt holen**
>
> Der Gutschein ist die Grundlage für den lokalen Wirtschaftskreislauf, der in Verbindung mit den Gutscheinen der Arbeitgeber umgesetzt wird. So können gemeinsam Marktanteile zurück aus dem Internet in die Stadt geholt werden.

Vorteile als Spenden-Empfänger

Mit nur einer einzigen Aktion können drei Spenden in die Vereinskasse fließen.

- Bereits durch das Aufladen des Gutscheins über den Onlineshop wird ein Prozent der aufgeladenen Summe an den Verein gespendet, der den »leeren« Gutschein in Umlauf gebracht hat.

- Der Beschenkte kauft beim CityLife-Einkaufspartner ein und scannt über die Smartphone-App den Kassenbon ein und ordnet die ausgelöste Spende dem eigenen Lieblingsverein zu.
- Durchschnittlich jeder vierte Gutschein wird überhaupt nicht eingelöst und verfällt entsprechend der gesetzlichen Regelung nach drei Jahren. CityLife zieht von allen Erlösen, die sich aufgrund der nicht eingelösten Gutscheine ergeben, die Bank- und Handlingkosten ab und spendet umsatzabhängig anteilig an die teilnehmenden Vereine.

Mein Tipp: Win³

Dieses Tool ist wirklich eine Win-win-win-Situation. Es profitiert sowohl der Kunde als auch der Verein und stationäre Händler. Persönlich erachte ich diese Idee als nachhaltiger, da einem Strickmuster folgend. Die vielen verschiedenen Apps – alle sehr gut gemacht – der Einkaufsgemeinschaften sind lokal begrenzt und nicht ortsübergreifend.

Erfolgskriterien für eine Innenstadt als Einkaufszentrum

»Einkaufszentren unterliegen einer täglichen Volksabstimmung. Jeder Konsument hat jeden Tag die Möglichkeit, woanders hinzugehen.« So beschrieb Otto Steinmann, Geschäftsführer des Standortberatungsunternehmens Standort + Markt, im Jahr 2000 den Erfolgsdruck von Einkaufszentren und daran hat sich auch über ein Jahrzehnt später nichts geändert (https://www.bundesverband-gutachter.de/fachberichte/bauwesen/erfolgskriterien-fuer-ein-einkaufszentrum).

Hervorragende Verkehrslage, moderne Infrastruktur und professionelles Centermanagement sind Garant für den Erfolg eines Shoppingcenters. Ebenso ausschlaggebend sind aber auch:

1. ein ausgewogener Branchenmix
2. der Erlebnis-Charakter
3. ein besonderer Familienservice
4. Ambiente und die Ausrichtung auf ein bestimmtes Kaufpublikum

Gehen Sie einmal in Gedanken durch die Einkaufsstraße Ihrer Heimatgemeinde – »begegnen« Ihnen diese Kriterien? Die Puzzleteile des Erfolges – vor allem für Innenstädte – sind:

Puzzleteil 1: Funktion. Sicher kann die Stadt oder der Ort nicht neu erfunden werden. Es gibt historisch gewachsene Parameter, die nur sehr schwer geändert werden können. Eine bestimmte »Funktion« (lokale, regionale oder überregionale Bedeutung) erfüllt jede Einkaufsmeile – gewollt oder ungewollt.

Puzzleteil 2: Lage und Erreichbarkeit. Die Erreichbarkeit mit öffentlichen Verkehrsmitteln als auch mit eigenem PKW muss gegeben sein. Parkleitsysteme, Sichtbarkeit und nicht nur Fußgängerzonen wären der Wunsch ans Christkind. Wichtig ist, Innenstadt oder Gemeinde wirklich als Marke zu begreifen.

Puzzleteil 3: Parkplätze. Jeder Parkplatz bringt Kaufkraft und erhöht den Durchschnittseinkauf. Je mehr, desto besser. An Parkplätzen zu sparen, wäre der falsche Ansatz. Leichte Erreichbarkeit, vor allem breit und übersichtlich sollen sie sein. Wird das Parken zur Qual, springt der Blinker wieder zurück auf die Autobahn und das Einkaufserlebnis wird anderswo gesucht. Parkplatzmangel ist einer der größten Störfaktoren für den Einkauf im stationären Handel.

Puzzleteil 4: Leitsystem. Wie ein Laden einen Grundriss oder ein Leitsystem hat, sollte auch eine Art von »Handschrift« erkennbar sein. Gibt es einen »Anfang« und ein »optisches Ende« der Einkaufsmeile? Ein Willkommensschild oder »Vielen Dank für Ihren Einkauf«-Hinweis?

Puzzleteil 5: Wegeführung. Sackgassen oder tote Winkel sollten tunlichst vermieden werden. Noch schlimmer sind natürlich leer stehende Verkaufsflächen. In Amerika sagt man »Broken Window«-Theorie dazu: Die Kaufkraft sinkt und leider nimmt die Kriminalität zu. Wo sind die Frequenzbringer und wo die Frequenznutzer platziert?

Puzzleteil 6: Geschäftsanordnung. Gibt es einen Magnetbetrieb? Klar kann nicht einfach ein Laden hin oder hergeschoben werden. Wie man die Kauflust steigert unter den Gegebenheiten – darüber sollte nachgedacht werden.

Puzzleteil 7: Schaufenster. Sind die Auslagen großzügig vorhanden oder gibt es Restriktionen? Vor allem, sind es wirklich »SCHAUfenster« oder »Schau, ein Fenster«? Dieser erste Einblick in ein Geschäft – oder auch nicht – entscheidet, ob und wie viel Geld ausgegeben wird. Leider beobachte ich hier größtenteils Stillstand in der Kreativität, was ich zu bieten habe.

Puzzleteil 8: Branchenmix. Magnetbetriebe, Ankermieter und Frequenzbringer – sind diese bekannt? Gibt es eine Wunschliste, welcher Betrieb noch in der Sammlung fehlt? Hier sehe ich großes Potenzial, über Neuansiedlungen auch Kaufkraft zu binden und stationär insgesamt zu stärken.

Puzzleteil 9: Marketing. Einheitliches Marketing ist ein echter Mehrwert. Während meiner Buchpräsentation von »Online ist schlagbar« tingelte ich von Wirtschaftsgemeinschaft zu Wirtschaftsgemeinschaft und gebetsmühlenartig predigte ich das Heil für den Handel. Alle waren begeistert, außer die Händler – die sind nämlich kaum bis gar nicht erschienen.

- Eine gemeinsame Marketingstrategie macht Handschriften lesbar. Ein Kassenbon einheitlich aus Kundensicht und lesefreundlich, gemeinsame Kassensoftware, Lagerhaltung usw. helfen, sich vom Einzelhändler zum Gemeinschaftsanbieter zu positionieren. Leider gibt es hier noch große Lücken im Gesamtauftritt.
- Stadtmarketing und das Berufsbild des Center-Managements sind sich sehr ähnlich. Die Strategieumsetzung ist dann Aufgabe des Händlers.

Vor allem ist es ein laufender Prozess: Das Beste, Schönste und noch nie Gesehene ist über Nacht plötzlich altmodisch, langweilig und nicht mehr begehrenswert. Analog und digital. Daher: Überdenken Sie die Tipps immer wieder neu und entwickeln Sie Ihre Kooperationen weiter.

Spezial 3: Online und Offline – das Beste beider Welten verschmelzen

Die momentane Situation im Handel gleicht einer Expedition ins Unbekannte. Das Internet hat eine neue Welt erschlossen, und noch bevor sich der stationäre Handel vollständig auf die neuen Koordinaten einstellen konnte, haben das mobile Internet und die Allgegenwart des Smartphones die Landkarte erneut verändert. Zukunftsenthusiasten schwärmen vom grenzenlosen »Noline«-Handel, der kompletten Verschmelzung von Online und Offline unter maximaler Nutzung technischer Möglichkeiten. Ob der Kunde all diese Möglichkeiten nutzen möchte, ob alles, was möglich ist, auch Umsätze generiert, und was davon für kleine und mittelständische Händler finanzierbar ist, steht noch in den Sternen.

In dieser Übergangsphase, sozusagen in der Halbzeit der Expedition, bewährt sich Pragmatismus: Welche Wege zeichnen aktuelle Studien als vielversprechend und gangbar, auch für Unternehmen jenseits der Handelsriesen und Filialketten, die bereits mit den neuen Möglichkeiten experimentieren?

Grenzenlose Möglichkeiten – auch dem Smartphone sei Dank!

Per Smartphone Produkte finden, den günstigsten Anbieter lokalisieren und das Produkt gleich online ordern. Lokal basierte, personalisierte Werbung auf das Smartphone gespielt bekommen, wie etwa den Hinweis: »Das Shirt, für das man sich kürzlich im Internet interessiert hat, gibt es gleich um die Ecke zu kaufen«. Online von zu Hause aus, die Verfügbarkeit von Produkten im Laden überprüfen und dazu eine Information erhalten, wie voll es dort zurzeit ist. Im Internet georderte Ware vor Ort im Laden abholen oder zurückgeben können und umgekehrt: Im Laden aktuell nicht verfügbare Ware in der gewünschten Größe, Farbe, Ausführung gleich vor Ort online bestellen und nach Hause liefern lassen.

Interaktive Umkleidekabinen, die passende weitere Modelle anzeigen und zahlreiche weitere Produktinfos bereithalten. Technik, die es ermöglicht, im Laden mit dem Smartphone zum gesuchten Produkt zu navigieren oder über QR-Codes mehr über die Waren zu erfahren. Sich darauf verlassen können, dass online und offline erzielte Treuepunkte kumuliert werden und dass der stationäre Händler die eigene Onlinekaufhistorie kennt, wie auch umgekehrt: Der hauseigene Onlineshop weiß, was offline gekauft wurde, und bietet entsprechende Produkte an.

Möglich ist all das, und es verdeutlicht, wie online und offline immer mehr zu einer Einkaufswelt verschmelzen.

Dass das Smartphone dabei eine Schlüsselrolle spielen wird, steht außer Frage. Man muss sich nur im öffentlichen Raum umsehen, um bestätigt zu finden, dass wir längst in einer »Always on«-Gesellschaft leben: Knapp zwei Drittel der Menschen überbrücken Wartezeiten mit dem Smartphone, jeder Zweite hat es während seiner gesamten wachen Tageszeit eingeschaltet und jeder Dritte nutzt es stündlich.

Schauen Sie sich Teenager und (nicht nur) junge Erwachsene an, für die das Telefon längst zum unverzichtbaren Alltagsorganisator geworden ist und die es immer selbstverständlicher finden, dass man damit problemlos immer und überall einkaufen kann. Heißt das, dass jeder kleine Händler jetzt zwingend einen Onlineshop einrichten und alle weiteren technischen Möglichkeiten ausschöpfen muss, um überhaupt eine Zukunft zu haben? Bevor wir uns dieser Frage zuwenden, ein Überblick über die aktuellen Möglichkeiten, ausgehend von einer Übersicht des Handelsexperten Gerrit Heinemann, die im Folgenden ergänzt wurde.

Web-to-Store-Services: Hier dient das Netz als Informationsmedium für den stationären Handel, wofür sich auch das Kürzel »RoPo« (Research online, Purchase offline) eingebürgert hat. Dieser Kanal wird manchmal übersehen, wenn der Onlinehandel als Bedrohung für das stationäre Geschäft gefürchtet und dabei vernachlässigt wird, dass stationäre Umsätze inzwischen häufig online durch Webrecherche des Kunden vorbereitet werden.

Store-to-Web-Services: Dies ist der umgekehrte Weg, vom Laden ins Netz. Das muss nicht unbedingt der berüchtigte »Beratungsklau« sein, zumindest dann nicht, wenn ein Händler auch über eigene Webservices verfügt. Im Idealfall führt die Webpräsenz des stationären Händlers dazu, dass vor Ort nicht getätigte Käufe im Netz beendet werden.

Digital-in-Store-Services: Hier geht es um digitale Zusatzservices am Point of Sale, die sich teilweise schon durchsetzen, teilweise aber noch Zukunftsmusik sind oder bisher allenfalls in aufwendigen Flagship-Stores zur Markenpflege eingesetzt werden.

Übersicht: Digital-in-Store-Services, die sich bereits durchsetzen

- In-Store-Navigation mit dem Smartphone: Das Telefon lotst den Kunden zum gesuchten Produkt.
- kontaktloses Bezahlen per Smartphone an der Kasse oder mobiles Bezahlen bei Verkäufern, die mit entsprechenden Tablets ausgerüstet sind;
- komplett kassenlose Stores, in denen registrierte Kunden per Kundenkarte, die an die Preisschilder gehalten wird (Albert Heijn) oder per hauseigener App und mittels Sensoren sowie Kameraerfassung bezahlen;
- Nutzung des mobilen Internets im Laden für Zusatzinfos und Preisvergleiche;
- Umkleidekabinen mit interaktiven Spiegeln oder Zusatzterminals in der Kabine, über die Produktinfos, ähnliche Modelle, ergänzende Styles oder auch Kundenbewertungen abrufbar sind, wobei die Kabine die mitgebrachten Kleidungsstücke über RFID-Chips »erkennt« und entsprechend reagiert;
- »Beratung« der Kunden durch Inforoboter, die einfache Fragen wie »Was finde ich wo?« beantworten und Produktinfos geben können;

- interaktive Touchscreen-Schaufenster, mit denen Produkte online geordert werden können, beispielsweise, wenn der Laden geschlossen ist;
- Touchscreens im Laden, mit denen Kunden Produktinformationen, aber auch Anwendungsbeispiele, Alternativen, Kundenmeinungen und Ähnliches abrufen können;
- Einsatz von Augmented Reality für eine digitale (meist optische) Realitätserweiterung, z. B. mithilfe der Smartphone-Kamera und einer App, die es erlaubt, gefilmte Produkte (etwa Möbelstücke) in die häusliche Umgebung zu projizieren, oder mittels Terminals am Point of Sale, an denen Produkteigenschaften erläutert oder auch dreidimensional durchgespielt werden können;
- Einsatz von Virtual Reality am Point of Sale, d. h. Erleben von Produkten als »real« mittels eines speziellen Headsets (VR-Brille). Eine Anwendung, mit der beispielsweise Cityhäuser großer Automarken eine virtuelle Probefahrt direkt im Laden ermöglichen und die sich auch für den Möbelhandel, etwa bei der Küchenplanung, anbietet.
- Stores, die primär oder nur noch als Showrooms fungieren und in denen die gewünschte Ware dann online geordert und dem Kunden nach Hause geliefert wird, mit dem Vorteil der Reduktion teurer innerstädtischer Verkaufs- und Lagerflächen.

Übersicht: Digital-in-Store-Services, die noch Zukunftsmusik sind

- digitale Preisschilder, die in Verbindung mit erhobenen Kundendaten dynamisches Pricing auch im Laden ermöglichen;
- Verfolgen der Kundenwege, Verweildauer und Verkaufsraten im Laden auf der Basis von Wi-Fi-Tracking-Systemen, also Datenerhebungen und -nutzungen zu Marketingzwecken, wie sie bei Onlinekäufen bereits üblich sind;
- kontextbezogene Werbung, die dem Kunden aufgrund seiner Verkaufshistorie und/oder seines aktuellen Verkaufsverhaltens auf das Smartphone gespielt wird.

Nimmt man all das zusammen, zeichnet sich das Bild des Ladens der Zukunft als eines technisch hochgerüsteten Unternehmens ab, einer Datenerhebungsmaschine, die den Kunden digital vermisst, durch die Verkaufsfläche lotst, über Screens berät und durch Onlinewerbung zum Kauf verführt, bevor der Kaufpreis automatisch und natürlich ebenfalls kontaktlos entrichtet wird.

Der stationäre Handel mutiert in diesem Szenario zum digitalen Shoppingerlebnis in 3-D, das man streng genommen auch mit VR-Brille vor dem heimischen Bildschirm haben könnte. Ist das wirklich der Königsweg? Oder sind das vor allem die Allmachtsfantasien technikverliebter Nerds?

Prämissen für digitale Services: Worauf Kunden Wert legen

Stellen Sie sich die Frage: Auf welche digitalen Services legen Ihre Kunden nach derzeitigem Kenntnisstand tatsächlich Wert? Eine seriöse Antwort auf diese Frage muss naturgemäß differenziert ausfallen. Jenseits aller Details gelten jedoch zwei Prämissen.

Prämisse 1: Präsenz im Netz. Wer heute als stationärer Händler nicht im Netz sichtbar ist, wird für einen zunehmend großen Teil potenzieller Kunden völlig unsichtbar, nämlich für all jene, für die die Vorabrecherche im Internet längst Routine ist.

Prämisse 2: Service gewinnt an Gewicht. In einer Einkaufswelt, in der Produkte immer austauschbarer werden, gewinnt der Service rund um den Einkauf immer mehr Gewicht. Mit anderen Worten: Der Service werde doppelt so relevant wie das eigentliche Produkt, was den Erfolg von Subskriptionsmodellen erklärt.

Sichtbarkeit ohne überzeugende Präsenz im Netz ist nicht möglich. Jeder stationäre Händler sollte eine moderne, ansprechend gestaltete, für Suchmaschinen wie auch für mobile Endgeräte optimierte Website haben. Was eine »gute« Homepage ausmacht, damit könnte man viele Seiten füllen. Unter dem Aspekt verkäuferischer Wirksamkeit geht es vor allem um gute Auffindbarkeit im Netz, auf die kompetente Website-Gestalter achten, die sich mit Suchmaschinenoptimierung auskennen. Wie gut Ihr eigener Dienstleister war, können Sie leicht feststellen, indem Sie die eigene Seite unter naheliegenden Stichworten googeln.

Wie würde ein Kunde Ihr Angebot suchen?

Wenn Sie bei relevanten Sucheingaben nicht unter den ersten zehn Treffern landen, sinkt Ihre Sichtbarkeit im Netz bereits um 99 Prozent. Unter inhaltlichem Aspekt sind Serviceelemente relevant. Nach Öffnungszeiten, Anfahrt, Parkmöglichkeiten, Ansprechpartner oder nächster Bushaltestelle sollte der Nutzer nicht lange suchen müssen. Auch ein eventuell vorhandener Webshop sollte deutlich verlinkt sein. Neben übersichtlichem Aufbau und freundlicher Anmutung spielt außerdem der gekonnt umgesetzte persönliche Faktor eine wichtige Rolle. Zeigen Sie Gesicht auf Ihrer Seite, laden Sie Kunden persönlich zu sich ein! Stellen Sie Ihr Beratungsteam vor. Geben Sie Interessenten die Möglichkeit, einen persönlichen Termin bei einem Verkäufer ihrer Wahl zu vereinbaren. Kurz: Spielen Sie die eigentlichen Stärken des stationären Handels aus!

> **Mein Tipp: Wagen Sie den Kundendialog**
>
> Wer Social Media bespielt, muss bereit sein, in einen Dialog mit seinen Kunden einzutreten, und auch das Risiko eingehen, dass ihm nicht jeder Kommentar gefällt, der dort gepostet wird.

Wer sorgt für den perfekten Kundendialog?

Wenn Sie niemanden haben, der für den Kundendialog verantwortlich ist, überlegen Sie gut, was Sie zeitlich tatsächlich leisten wollen und können und was beim Eintritt in die digitale Welt für Sie Priorität hat. Möglicherweise bietet sich auch eine Whatsapp-Gruppe für interessierte Kunden an, über die Sie auf Stammkunden-Rabatte aufmerksam machen, witzige Storys posten oder dekorativ in Szene gesetzte, neue Produkte per Foto promoten können.

Solange Sie Ihre Kunden nicht »zuspamen« und solange Ihre Kunden einen echten Nutzen sehen, ist dies ein sehr einfacher Weg der persönlichen Kundenbindung.

Das Henne-Ei-Problem

Die Frage steht: Braucht jeder stationäre Händler heute einen Onlineshop? Auf der einen Seite ermöglicht ein solcher Shop einen Umsatzzuwachs und den Kunden ermöglicht er u. a. die Verfügbarkeit bestimmter Produkte im Ladengeschäft seiner Wahl zu prüfen. Auf der anderen Seite herrschen bei Händlern die Sorge von zu hohen Kosten ohne nennenswerten Mehrverkauf und die Befürchtung, verschiedene Vertriebskanäle könnten sich kannibalisieren. Nüchtern betrachtet ist das ein typisches Henne-Ei-Problem: Schließlich liegt der Gedanke nahe, dass online-affine Kunden der weit größeren Auswahl wegen lieber in den großen Onlineshops stöbern.

Da lohnt es sich, den gesunden Menschenverstand zu konsultieren: Biete ich als Händler Produkte mit einer gewissen Exklusivität – regionale Besonderheiten, in begrenzter Stückzahl gefertigte Produkte, exklusives Design abseits des Mainstreams, dann erschließt mir das World Wide Web eine potenziell weltweite Zielgruppe. Wobei immer vorausgesetzt werden muss, dass die Produkte Anklang finden und das (Online-)Marketing stimmt.

Stehe ich dagegen mit meinem Sortiment in Konkurrenz zu den großen Onlineshops, will der Schritt ins Netz gut überlegt sein. Warum sollten Kunden dann bei mir ordern? Allenfalls könnte ein lokales Same-Day-Delivery-Versprechen ein Vorteil sein, aber auch das verursacht wieder Kosten.

Ob Sie einen dritten Weg einschlagen und sich mit dem Gegner verbünden, sprich Ihre Waren über Amazon Marketplace vertreiben, ist ebenfalls kaum pauschal zu beantworten. Inzwischen wachsen die Marketplace-Umsätze des Onlineriesen stärker als die originären Amazon-Umsätze, was unterstreicht, dass der Marktplatz ein Erfolg ist – zumindest für Amazon.

In einer Übergangsphase gilt es, wachsam, experimentierfreudig und aufgeschlossen zu sein – und gleichzeitig einen kühlen Kopf zu bewahren. Schauen wir uns im Folgenden an, was nach derzeitigem Kenntnisstand echte Kundenbedürfnisse trifft.

Leitfaden: Mittel und Wege aus der Marketing-Sackgasse

Anhand des nachstehenden Leitfadens gibt es Wege und Möglichkeiten, strukturiert aus dem Tal der Tränen zu kommen. Diskutieren Sie die Fragestellungen intern mit Ihrem Team – oder noch besser, jeder beantwortet die Fragen für sich alleine und dann erfolgt die Diskussion im Team. Dies ergibt garantiert erste Anhaltspunkte, welche Schritte gesetzt werden sollen.

Schritt 1: Marketing in der Ausweglosigkeit

Ziehen Sie Bilanz und machen Sie eine geistige Inventur. Listen Sie Ihre Punkte anhand der folgenden Fragen auf.

1. Was waren und sind meine Erfolgserlebnisse?
2. Was ist das Geheimnis meines Geschäftserfolgs?
3. Was war bisher positiv und was negativ?
4. Was schätzen meine Kunden an meinem Geschäft?

Schritt 2: Marketing aus der Aussichtslosigkeit

Stellen Sie das Bisherige infrage.

1. Was habe ich in der Notsituation am meisten vermisst?
2. Was hätte mir am meisten geholfen?
3. Wer hätte mir am ehesten helfen können, mein Problem zu lösen?
4. Wer oder was war mein Leuchtturm bzw. gab mir Orientierung?
5. Was soll und muss sich ändern nach dem Wendepunkt?
6. Wie ist mein Auftritt nach außen (Schaufenster, Internet, Fuhrpark, Geschäft, Briefpapier, Homepage etc.)?
7. Welchen Ballast werfe ich nach diesen Erkenntnissen ab, auf was werde ich verzichten?
8. Wie aktuell ist meine Kundendatei?
9. Wie überrasche ich meine Schlüsselkunden?
10. Wer sind meine neuen Kunden?

Schritt 3: Marketing, wenn es wieder losgeht

Ready for take-off, blicken Sie nach vorn und visualisieren Sie die Zukunft.

1. Der Tag X kommt: Was ist das Erste, was ich tue?
2. Mit wem trete ich als Erstes in Kontakt?
3. Feiern Sie den ersten Tag wie eine Neueröffnung.
4. Wie beziehe ich meine Mitarbeiter mit ein? Wie haben sie diese anspruchsvolle Zeit erlebt?
5. Welchen Focus setze ich? Was soll und muss sich ändern?
6. Wie gebe ich dem Kunden das Gefühl, er hat etwas versäumt und ich ihn vermisst?
7. Wie biete ich meinen Kunden etwas, was es vorher nicht gab für ihn? Neue Öffnungszeiten, Serviceangebote, etc. – wie überrasche ich ihn?
8. Wer sind die neuen Kooperations- und Ergänzungspartner für mein Geschäft?

Schritt 4: Zusammenfassung

Tragen Sie Ihr Konzept und Fakten nochmals zusammen.

1. Wie lautet meine Positionierung?
2. Wer ist meine Ziel- und Kundengruppe?
3. Wie differenziere ich mich – davor und danach?
4. Wie relevant ist mein Angebot?

5. Wie kommuniziere ich es?
6. Wie wichtig ist die persönliche Begegnung in meinem Geschäftsmodell?
7. Vieles ist online möglich aber nicht alles. Was lernen wir daraus?

Überblick: Die besten Erfolgsrezepte für den stationären Handel

Die Corona-Pandemie hat der Digitalisierung einen kräftigen Schub verliehen und es gilt, die Überlegungen, was Erfolgsrezepte für den stationären Handel sind in dieser Situation, neu zu gewichten. Gibt es wirklich nur noch die Onlinewelt und nichts mehr passiert Offline? Spielt diese Frage in der Beratung und in der Konsumentenwahrnehmung überhaupt eine Rolle? Und vor allem: Ist es dem Käufer überhaupt bewusst, wie er durch sein Verhalten generell Strukturen und Nachhaltigkeit beeinflussen kann?

- **Am Anfang der Krise:** Machen Sie sich über Ihr Geschäftsmodell einmal Gedanken. Prüfen Sie es auf Herz und Nieren. Wann hat man sonst schon Zeit dazu?
- **Während der Krise:** Die Schockstarre ist überwunden, das zuvor Abnormale ist das neue Normal.
- **Nach der Krise:** Der Tag X mit einem langsamen Hochfahren wird kommen. Und hoffentlich passiert das schneller als uns lieb ist. Wie und wann bin ich »ready for take-off«?

Erkenntnisse und Erfahrungen aus den Zeiten im Lockdown

Menschen sehnen sich nach Nähe: Die erlebten Einschränkungen und das damit verbundene »Zwangsfasten« der Zeiten im Lockdown hat eines klar ans Licht gebracht: Menschen sehnen sich nach Nähe und nichts wurde so sehr vermisst wie der lokale Anbieter. Persönlicher Austausch, Herzschläge und Blutdruck statt Bits und Bytes. Eine 100-prozentige Onlinewelt ist sehr wahrscheinlich nicht überlebensfähig und wir Menschen sind dafür nicht geschaffen.

Wo entsteht Wertschöpfung: Der Suchvorgang

Manchmal braucht man außer guten Nerven, wenn die gewünschte Marke nicht auf Anhieb gefunden wird oder »vorrätig« ist, keine weitere Energie. Trotzdem werden sehr viele Suchvorgänge abgebrochen. Vielleicht ist der Onlineauftritt technisch und in der Anmutung nicht mehr up to date? Fehlt deshalb die letzte Kaufmotivation? Ist der Kaufprozess nicht einfach genug? Mangelt es an adäquaten Produktinformationen? Fehlende Vertrauenswürdigkeit kann »face to face« sicher schneller erkannt werden. Doch online stellen sich Kunden diese Fragen: Wie viele persönliche Daten von mir muss ich bekannt geben? Ist Transparenz gegeben? Besteht die Gefahr des Datenmissbrauchs?

Ich weiß nicht, wie es Ihnen geht, aber ich habe noch nie einen Radiospot eines Online-Riesen gehört, ein Stelleninserat in der

Tageszeitung gelesen oder auf dem örtlichen Fußballplatz eine Bandenwerbung gesehen. In diesem Punkt ist der regionale Makler sicher nachhaltiger und gesellschaftsorientierter. Denn Gesellschaft beginnt vor der Haustür.

So geht Verkaufen heute

Wo liegen die größten Chancen für regionale Dienstleister und mündige Konsumenten? Darauf gehe ich in diesem Kapitel ein und stelle Ihnen dazu die aktuellen wichtigsten Überlegungen zusammen.

Online ist global, der Händler nur regional

Smart Retail darf nicht mit 100 Prozent Digitalisierung gleichgesetzt werden. Denn auch in diesem Konzept werden die Big Points im persönlichen Verkauf gesetzt. Deshalb gilt:

- Der gesamte Prozess wird radikal am Kunden ausgerichtet. Der Kunde sucht einen Nutzen und kein Produkt. Den Nutzen gilt es zu stiften.
- Überraschen Sie die Kunden mit Nähe. Das Bedürfnis der Menschen ist in der Nähe von netten, freundlichen und sympathischen Menschen zu sein. Berührt zu werden und nicht geschüttelt. Es gilt, schneller und experimentierfreudiger zu werden.
- Authentisch menschliche Begegnungen bieten: Wahre Größe entscheidet sich in Kleinigkeiten. Zeigen Sie dem Kunden

ehrlich Wertschätzung – und nicht das kleine Einmaleins des Verkaufsberatertrainings vom letzten Kurs in der Volkshochschule.

- Etablieren Sie eine Kundenberatung, die den Namen verdient: Hören Sie dem Kunden zu, verstehen Sie, was er wirklich sucht. Soft Selling statt Verkauf um jeden Preis.
- Einfache Kundenführung, online wie offline: Einkaufserlebnisse statt Klickorgien und Simplicity ist Trumpf. Gestalten Sie die Suche, das Angebot und die überzeugenden Argumente so einfach wie möglich.

Kunde ist zuerst auf der Onlineplattform

Kürzlich wollte ich meine Frau mit einem Wochenende im Hotel Hilton in Paris überraschen. Die spontane Suchanfrage im Internet hat mir eine blonde Sängerin als Ergebnis gebracht. Im Reisebüro haben Sie mich gleich verstanden. Sie wissen, was ich meine? Online ist man oft überfordert und verloren. Genau deshalb ist Beratung so wichtig. Augenkontakt und Handschlag. Die Devise heißt: »You can never e-mail a handshake«.

Online ist kostenlos – stationär kostet

Es ist schon ein wenig wie russisches Roulette: Man weiß nicht genau, welcher Schuss trifft. Jedenfalls behaupten fünf von sechs Spielern, russisches Roulette sei ein geiles Spiel. Zugegebenermaßen, die Marktforschung wurde nach dem Spiel durchgeführt. Onlinesuche ist kostenlos, aber oft auch umsonst. Lieber ein paar Euros bezahlen und die Trefferquote erhöhen. Sicher hat digitale Konkurrenz das Berufsbild verändert – von einem RoPo-Effekt ist die Rede (Research online, Purchase offline). Der Kunde ist besser informiert als früher – dann sollte es der Service auch sein. Was nichts kostet, ist nichts wert.

Ambulanter statt stationärer Händler

Kunden möchten gepflegt und nicht behandelt werden. Je besser uns das gelingt, desto erfolgreicher werden wir sein. Der Kunde muss es aber auch wollen und zulassen.

Gemeinschaftsanbieter statt Einzelkämpfer

Probleme gemeinsam zu lösen und nicht als Einzelkämpfer bringt sowohl den Kunden als auch den Unternehmern Vorteile. Ziehen Sie ein geschäftsübergreifendes Cross Selling in Betracht. Warum empfiehlt man sich Kunden nicht gegenseitig?

Bedingungslos statt Bedienungslos

Gut geschultes Personal ist das A&O im Verkauf. Lieber mehr Bedienung, aber weniger Bedingung. Kunden möchten gerührt, nicht geschüttelt werden.

Mit-Arbeiter statt Ab-Arbeiter

Der Person, welche dem Kunden in die Augen schaut, mehr Verantwortung übertragen. Probleme schnell und unbürokratisch lösen.

Wertschöpfung durch Wertschätzung

Wenn Mitarbeiter anständig bezahlt und fair behandelt werden, spürt das der Kunde – ob Sie wollen oder nicht.

Vom Fragenden zum Verantwortenden

Verkaufspersonal mit Kompetenz ausstatten, um den Umsatz im Geschäft zu lassen. Schnell und zügig den »Sack zumachen« können.

Umsatz kommt von umsetzen

Ganz ohne Schmerz wird es nicht gehen. Es kostet immer etwas. Geld, Kunden oder Umsatz. Automatisch wird es nur noch abends dunkel. Sonst gilt es jeden Tag als neue Herausforderung, um die Kundengunst zu buhlen. Probieren, probieren und nochmals probieren – bis es der Kunde merkt und mit Umsatz honoriert.

Alles online oder was? – 10 Thesen in Wort und Bild

Das Problem, wenn es um den Onlinehandel geht (muss wirklich alles nur noch im Paket bestellt werden?), hat der österreichische Zeichner Silvio Raos in Karikaturen verewigt. Ein Kern Wahrheit versteckt sich in jeder dieser Zeichnungen.

Sehen Sie die Karikaturen mit einem Augenzwinkern, wie ich es auch tue, und lesen Sie in diesem Kapitel u. a.:

- was das große Problem der Newsletter ist,
- warum Vertrauen bilden gut ist, aber nicht alles Gold, was glänzt und
- wieso individuelle Beratung im Handel ein Joker ist im Spiel gegen die Onlineriesen.

Der Online-Kater – oder: Weniger ist mehr

Jede Marke sucht die größte Nähe zum Kunden, egal, ob offline oder online. Ein gelungenes Beispiel dazu sind die vielen Newsletter. Meist sind diese zu lang und eine Mischung aus

Nicht-ein-Wort-stimmt und einem Neuigkeitswert, der näher am Gefrierpunkt liegt als an einer Endorphinausschüttung.

BEISPIEL

Stellen Sie sich vor, jeder Verkäufer, dem Sie in Ihrem Leben schon begegnet sind, stünde vor der Türe und würde jede Woche um die gleiche Zeit bei Ihnen läuten? Unvorstellbar – aber digital geht das wunderbar. Wieso bekomme ich am Sonntag um 16:00 Uhr immer von Firma A einen Newsletter mit Sonderangeboten, Firma B sendet diesen pünktlich um 00:00 Uhr. Klar, man ist daran ganz alleine schuld und hat schließlich irgendwo einmal ein Häkchen gesetzt.

Digitale Müllhalden im Nirwana. Wenn die Mailbox wieder einmal überquillt, mache ich von meinem Kündigungsrecht gebraucht. Weniger ist mehr – auch digital.

Noch dazu sind die Betreffzeilen hochkreativ. »Newsletter« ist der am häufigsten verwendete Betreff. Also nicht einmal, worum es geht, steht im Betreff, sondern eine simple Gattungsbezeichnung. Und aufgrund von Homeoffice werden auch Newsletter mit dem Betreff »Ding Dong« verschickt.

You can never e-mail a handshake

»Wer E-Mails sät, wird E-Mails ernten«, heißt eine neuere Weisheit. Mittlerweile ist das »Bling« bei Eintreffen einer E-Mail im Posteingang wie das Läuten einer Glocke für den Hund im Pawlow'schen Experiment (https://de.wikipedia.org/wiki/Pawlowscher_Hund).

Wir sind schon so konditioniert und können es kaum erwarten, zu lesen, was es Wichtiges gibt. Bei mir ist die Enttäuschung oft sehr groß: Wieder nur einer von diesen Newslettern oder »Prozent-Aktionen-Nütz-die-letzte-Chance!«-Mails. Rabattschlachten ohne Ende, wenig Substanzielles, Gutscheine führen in Versuchung – oder auch nicht.

Würden Sie zu Hause hundert Mal am Tag zum Briefkasten laufen? Eher nicht, denn die Leerläufe wären zu viel des Guten. Wir brauchen mehr Disziplin in der Markenführung. Masse statt Klasse bewegt vielleicht die Massen. Doch nur weil eine E-Mail kein Porto kostet, ist sie zwar gratis, aber manchmal auch umsonst. Nachhaltigkeit entsteht jedoch durch den persönlichen Kontakt.

Nur im One-to-one-Gespräch können Funken so fliegen, dass das Einkaufserlebnis lange in Erinnerung bleibt. Online ist es nur ein Paket mit Absender und Adresse. Mit einem Mausklick bestellt.

Mein Tipp: Überzeugende Argumente einsetzen

Rabatt ist eine Stadt in Marokko – und Argumente schlagen Rabatte. Was sind Ihre schlagenden Argumente, um Kunden zu überzeugen? Welchen Mehrwert bieten Sie Ihren Kunden und wie erfährt er davon? Was tun Sie gegen »Kater-Stimmung« in Ihrem Geschäft?

Achtung Mogelpackung! Kaufentscheidungen verstehen

Der Kunde sucht einen Nutzen, kein Produkt. Haben Sie nicht auch schon große Augen gemacht, weil sie ein größeres Paket erwartet haben oder der Inhalt war viel kleiner, als bestellt und angeklickt? Auf 17 Zoll scheint die Entscheidung, ein Produkt zu kaufen, oft einfacher als im stationären Handel. Auf den ersten Blick, auf den zweiten leider auch, wie das folgende Beispiel zeigt.

BEISPIEL: NICHT NUR ALGORITHMEN TRICKSEN UNS AUS

Über den stationären Handel wird gelästert, weil Ware mit Zweitplatzierungen (ein Angebot wird an mehreren Stellen platziert) feilgeboten wird.

Die Quängelzone an der Kasse mit Süßigkeiten – man weiß ja, dass man nicht mit leerem Magen einkaufen gehen soll.

Aber online einkaufen – nach dem Genuss von vier Bier als »Drunken Shopper« – das geht schon?

Das, was aus Kundensicht schnell als eine »Täuschung« wahrgenommen wird, ist sicher keine böswillige Absicht. Je nach Endgerät wird ein Produkt anders dargestellt. Auf dem Smartphone oder Tablet stellt der Browser das Produkt anders dar als auf dem Großbildschirm. Der Schein des Screens kann gewaltig trügen.

Im stationären Handel ist es ein unbezahlbarer Vorteil: »What you see is what you get«. Originalverpackt und ungebraucht noch dazu. Hundertprozentige Authentizität. Diesen Vorteil der sofortigen Bedürfnisbefriedigung gilt es viel stärker in Szene zu setzen. Das kostet. Es kostet aber immer etwas: Umsatz, Geld oder, noch schlimmer, Kunden.

Kaufentscheidungen – und wie sie uns austricksen

Nicht wenige der täglichen Entscheidungen betreffen unsere Geldtasche. Und wenn's ums Geld geht, hört der Spaß auf. Glauben wir zumindest. Denn in Wahrheit spielen uns Hirn und Psyche köstliche Streiche. Welche? Das erzähle ich Ihnen gerne.

Zuerst aber räumen wir mit einem Klischee auf, das behauptet: Frauen und Männer sind beim Einkaufen ganz besonders verschieden. Nun, Frauen mögen Produkte und Dienstleistungen etwas mehr vergleichen, Männer gelten als etwas zielstrebiger, aber: Vor der Kasse ticken wir alle gleich. Was mich gleich zur Frage bringt: Was lässt uns Kaufentscheidungen treffen? Und ist es online anders als offline? Ich höre Sie schon rufen: Natürlich der Preis!

Schließlich sind die Verkaufslokale voll mit Schildern, die uns in Erinnerung rufen, wie viel wir gerade sparen könnten. Aber weit gefehlt: 80 Prozent aller Kaufentscheidungen werden emotional getroffen und haben nur wenig mit dem Preis zu tun, dieser definiert lediglich die Schmerzgrenze. Online sagen wir »Algorithmus« dazu. Doch »Sale« ist die bekannteste Marke der Welt.

Früher war Shopping ganz einfach: Der Fischhändler bekam für seinen Fang beispielsweise ein Stück Fleisch, das dem Wert des Fisches entsprach. Das war ganz praktisch. Und heute? Ist es ein Tauschgeschäft geblieben: »Welchen (Lust-)Gewinn kriege ich für welchen Trennungsschmerz von meinem Geld?«

Online heißt hundertprozentige Preistransparenz. Es gibt genügend Plattformen, alle aufzuzählen, wäre müßig. Sicherlich kommt erschwerend das »Dynamic Pricing« hinzu. Jeder Klick und jede Bewegung wird registriert und hinter Cookies versteckt. Aufgrund dieses »Fahrtenbuches im Internet« bekommt meine IP-Adresse ein Gedächtnis und weiß genau, wann meine Kaufentscheidung (ge)reif(t) ist. Somit könnte auch der Preis »leicht gemogelt« sein.

BEISPIEL: KEIN KLICK VOM GUTEN GEWISSEN ENTFERNT

Bei einem großen Internetanbieter wurden »Lächler« verteilt und pro Einkauf konnte man sich aussuchen, für welchen Zweck (in Prozent vom Einkauf) die Euros gespendet werden. Zur allgemeinen Gewissensberuhigung und für die Nachhaltigkeitsabsolution der Plattform. Nur durch einen Klick – spenden oder nicht – liegt das soziale vom schlechten Gewissen getrennt.

Ein guter Bekannter machte Folgendes: Er klickte auf »Ja – Spenden« und seine Frau zeitgleich beim gleichen Produkt – allerdings auf einem anderen Gerät mit anderer IP-Adresse – auf »Nein – weiter ohne Spende«. Und siehe da, das Produkt, das vom Anbieter mit einem Spendenbeitrag – ach wie sozial – ergänzt wurde, war im Endpreis teurer als das exakt gleiche Produkt, das ohne Spende im Einkaufskorb gelandet war.

Mein Tipp: Kaufmotivation im Geschäftsmodell berücksichtigen

Stationär als auch online ist die Kaufmotivation im Grunde stets die Gleiche:

- Wir wollen etwas bewahren oder schützen.
- Wir wollen uns etwas gönnen.
- Wir wollen anderen etwas Gutes tun.
- Wir wollen uns profilieren.
- Wir glauben an den besten Preis.

Wie zahlt mein Geschäftsmodell in diese Motive ein? Erkennt der Kunde Ihre Preisgarantie? Bezahlen alle Kunden den gleichen Preis? Prüfen Sie anhand dieser Fragen Ihr Geschäftsmodell.

Der Preis ist gar nicht so heiß

Wenn der Preis gar nicht so wichtig sein soll, warum bitte schön werden wir andauernd mit Aktionen bombardiert? Ganz einfach: Der Preis ist eine Währung. Und der Wechselkurs ist das Ersparte, das wir wieder für anderes ausgeben können. So geht das: Was ich beim Waschmittelkauf einspare, kann ich in Schokolade investieren – und gönne mir damit einen unmittelbaren Lustgewinn. Was beim Spontankauf funktioniert, tritt auch beim Plankauf ein. Spare ich beim Flug nach Mallorca, kann ich mir ein besseres Hotelzimmer gönnen. Es geht also nicht um den effektiven Preis, sondern um eine stete Steigerung des Lustgewinns.

Darum hat Werbung die Aufgabe, Menschen dazu zu bewegen, Dinge einzukaufen, die sie nicht brauchen, mit Geld, das sie nicht haben, um Leuten zu imponieren, die sie nicht mögen.

Was die Kaufentscheidung beeinflusst

Es gibt zahlreiche Mechanismen, die uns bei Kaufentscheidungen immer wieder einholen. Gut, wenn Sie diese sowohl online als auch offline ein bisschen durchschauen können. Die wichtigsten Mechanismen stelle ich Ihnen im Folgenden vor.

Mechanismus 1: Sympathiebonus

Gehen Sie vorsichtig mit Ihrem Sympathiebonus um – ebenso mit ausgespielter Werbung auf Ihrem Bildschirm.

BEISPIEL: BERATER MIT BRILLE

Sie stehen in Ihrer Bank in der Schlange. Am Schalter arbeiten zwei Männer: der eine schlank, mit Brille und exaktem Seitenscheitel, der andere etwas übergewichtig, beide in Anzug und mit einem sympathischen Lächeln im Gesicht.

Der Trick, mit dem unser Hirn uns hinters Licht führt, ist ziemlich fies, funktioniert aber praktisch immer. Sie stehen nämlich in der Schlange und hoffen darauf, vom Mann mit Brille beraten zu werden, denn Brillenträger, das weiß jeder, sind klug. Am nächsten Tag gehen Sie in ein Weingeschäft, wieder haben Sie die Wahl: Brillenträger oder molliger Verkäufer. Sie beten zum Himmel, vom offensichtlichen Genießer beraten zu werden.

Will es das Schicksal, dass Sie in beiden Fällen nicht von Ihrem bevorzugten Verkäufer bedient werden, schleichen sich bei Ihnen leichte Zweifel ein, ob Sie beim Verkaufsgespräch auch kompetent genug beraten worden sind. Selten hat das inhaltliche Gründe.

Online spielt dieser Mechanismus meist keine Rolle, weil mit »Bewertungen« die fehlende Beratungsleistung kompensiert wird. Es gibt genügend Beispiele, wie 5-Sterne-Bewertungen gekauft werden können und Influencer ihren Teil dazu beitragen. Wird hier gemogelt? Stationär kehrt es sich ins Gegenteil:

Ob Frauen in Mode- oder Schmuckgeschäften einen Kauf tätigen, hat nicht nur mit den Produkten zu tun, die sie anprobieren. Studien haben zutage gebracht, dass schöne Verkäuferinnen kontraproduktiv wirken können.

BEISPIEL: SPIEGLEIN, SPIEGLEIN AN DER WAND

Hat die Kundin nämlich das Gefühl, in ihrem Objekt der Begierde vor dem Spiegel weniger attraktiv zu wirken als die Verkäuferin, wird sie dafür nicht auch noch Geld ausgeben. Da wären wir wieder beim Entscheidungsneid.

Ganz zu schweigen davon, wenn dann noch der »Verwende ich auch«-Tipp der Verkäuferin hinzukommt. Das baut zwar Sympathieblockaden ab, ist aber wiederum nicht immer glaubwürdig.

Mein Tipp: Testen Sie Ihre Reaktion auf Verkäufer

Schauen Sie sich selbst über die Schulter, wenn sie mal wieder einkaufen gehen. Wie reagieren Sie auf Verkäuferinnen und Verkäufer? Und weshalb? Ich tippe jetzt schon darauf, dass Sie von Ihren eigenen »Vorurteilen« überrascht sein werden. Online wahrscheinlich mehr als offline.

Mechanismus 2: Beim Kauf Farbe bekennen

80 Prozent aller Verkaufsentscheidungen werden vor dem Regal getroffen. Sind es vor dem Bildschirm mehr oder weniger? Was glauben Sie?

Was Sie über ein Produkt in der Werbung gesehen, in der Presse gelesen oder mit Bekannten besprochen haben, beeinflusst, wie Sie in den nächsten fünf Sekunden entscheiden. So lange dauert es nämlich durchschnittlich, bis etwas im Warenkorb landet. Das Überraschende aber: Für was Sie sich entscheiden, hat zu 65 Prozent mit Farben und nicht mit den Produkten selbst zu tun. Denn wir Menschen haben eine ganz einfache Erinnerungshierarchie:

- Farben
- Formen
- Zahlen
- Schrift

Nichts nistet sich in unserem Gedächtnis so tief ein wie Farben. Mit Farben verbinden wir Gefühle, die wir bewusst nicht mal in Worte fassen können.

BEISPIEL

Sie haben Bauchweh, stehen in einer Apotheke und Ihnen werden drei unterschiedliche Schmerzmittel angeboten. Nun, ich kenne Sie nicht persönlich, aber die Wahrscheinlichkeit, dass Sie sich für ein blaues Produkt entscheiden, ist erdrückend hoch. Denn Blau wirkt beruhigend und ist darum bei Schmerzmitteln die bevorzugte Wahl, vor Grün, Gelb und Rot.

Steht dagegen ein Paar vor dem Schokoladenregal, ist nur eines fast in Stein gemeißelt: Er wird keine lila Verpackung wählen. Schließlich gibt es kaum eine andere Farbe, die Männer weniger gern mögen. Weshalb es für Schokoladenhersteller ein cleverer Zug ist, ein Produkt in Lila zu verpacken, wenn es ganz gezielt an die Frau gebracht werden soll. Denn Frauen mögen Lila gerne.

In beiden Fällen gibt es zwei spannende Fakten:

- 80 Prozent aller Konsumenten können nicht begründen, weshalb sie ausgerechnet dieses Produkt gewählt haben. Die Kaufentscheidung wird also unbewusst getroffen.
- In beiden Fällen spielt es eine untergeordnete Rolle, wie gut das Produkt tatsächlich ist. Soll es allerdings ein zweites und drittes Mal gekauft werden, ist es bestimmt nicht von Nachteil, wenn auch die Qualität stimmt. Allerdings darf hier gerade bei Schmerzmitteln der Placeboeffekt nicht unterschätzt werden.

Online ist das Risiko viel geringer, denn bei Unzufriedenheit winkt die Retoure. Unkompliziert und meistens auch noch portofrei.

Mechanismus 3: Relationen übersehen

Wie einfach wir uns überrumpeln lassen und uns dabei auch noch richtig gut finden, zeigen Kaufentscheidungen, wie diese, die mir selbst unterlaufen sind zu Beginn des letzten Sommers.

BEISPIEL: DIE RELATION IM KOPF

Die ersten warmen Sonnenstrahlen lassen den Garten aufblühen, höchste Zeit also, den Sitzplatz in Schuss zu bringen. Weil für meine Familie nur das Beste gut genug ist, soll auch ein neuer Grill her. Da ich die gemeinen Stolperfallen der Kaufentscheidungen kenne, blende ich bei der Wahl Farben und Verkäufer so gut es geht aus. Schließlich entscheide ich mich für ein Modell, das mir den größten Nutzen mit dem geringsten Trennungsschmerz von meinem Geld verspricht. Stolz schreite ich zur Kasse – und packe auch gleich ein Grillputzmittel dazu. Saubere Sache, denke ich. – »16 Euro für ein Putzmittel!«, wird später meine Frau leicht schockiert feststellen.

Und recht hat sie. Nie und nimmer hätte ich so viel bezahlt, hätten auf meiner Einkaufsliste Kleinigkeiten wie Buch, Schraubenzieher, Banane, Müsli und Energieriegel gestanden. Die hätten die Relation in meinem Kopf sofort hergestellt, nicht aber, wenn ich einen Grill kaufe, der deutlich teurer ist. Was uns lehrt:

Mein Tipp: Prüfen Sie den Bezugsrahmen

Bei Großausgaben werden wir nachlässig, weil die Preisverhältnisse außer Rand und Band geraten. Anderer Kontext, andere (Kauf-)Entscheidung! Gut also, wer diesen Mechanismus kennt und sich somit vor unnötigen Ausgaben schützen kann. Denn unser Gehirn entscheidet nie absolut, sondern immer relativ. Wir brauchen einen Bezugsrahmen, sonst können wir unsere Entscheidung nicht einordnen. Achten Sie on- und offline darauf. »Bemogeln« Sie sich nicht selber – schon gar nicht Ihre Kunden.

Mechanismus 4: Erst wenn wir viel bezahlen, sind wir richtig glücklich

Allen Schnäppchenjäger wird diese Überschrift Schmerzen bereiten. Dennoch: Gültigkeit hat sie für eine überwiegende Mehrheit der Bevölkerung. Denn selbst wenn uns Aktionen mit »Jetzt« oder »Nur für kurze Zeit« unter Druck setzen und wir darum die Geldtasche zücken, tun wir es nicht, weil es weniger kostet. Sondern, weil wir uns mit dem guten Gefühl belohnen, weniger als die anderen bezahlt zu haben. Macht uns das aber glücklich?

BEISPIEL

Wenn wir lesen »Nur noch 5 am Lager« oder »283 Personen kauften dieses Produkt« oder »11 interessieren sich dafür«, dann steigt der Druck für den Kaufabschluss online massiv.

Klar, Verknappungsmarketing wirkt. Ob online besser als offline sei einmal dahingestellt. Oder stimmt es doch nicht? Denn insgeheim wissen wir: Was so billig ist, kann nicht wirklich gut sein. Mehr noch: Wenn es jetzt so günstig ist, bezahle ich dann sonst nicht immer zu viel? Zweifel, wie diese, können Marken langfristig zerstören. Weshalb clevere Produkthersteller und Dienstleister sich auf diesen mörderischen Preiskrieg erst gar nicht einlassen. Diesen Luxus muss sich eine Marke allerdings hart erarbeiten.

Mechanismus 5: Bekanntheit ist käuflich, Attraktivität muss man sich erarbeiten

Apropos Luxus: Konsum macht nicht glücklich, sagen Sozialkritiker. Das mag langfristig ja stimmen. Aber wenn wir uns einmal ein besonders schönes Hotel fürs Weekend gönnen oder ein Auto, das gefährlich nahe an unserer Geld-Trennungs-Schmerzgrenze liegt, lehnen wir uns tatsächlich genüsslich zurück – und fühlen uns wie Könige und Königinnen. Denn besser kann es für uns ja nicht mehr kommen, zumindest, wenn es um diese Kaufentscheidung geht.

Wenn Ihnen das aber erst gelingt, können Sie sich der neuen Bescheidenheit hemmungslos, oder besser gesagt, asketisch hingeben, und haben zumindest das Problem der ewigen Kaufentscheidungen weitgehend gelöst.

Allerdings auch nur so lange, wie Sie sich all dieser unterschwelligen Kaufentscheidungsmechanismen nicht bewusst sind und nie die Wahrheit erfahren.

BEISPIEL: ZIMMERKONTINGENT

Anlässlich meiner Buchtaufe in Alfons Schuhbeck's Sportsbar in München buchte ich für die geladenen Gäste, wie es sich gehört, direkt im Hotel ein Zimmerkontingent. Sie kennen mich inzwischen, ich konnte es nicht lassen, nach einem besseren Preis zu fragen, bei Abnahme einer Zimmeranzahl größer 10. Mit dem Angebot war ich zufrieden, bis die Sperrstunde kam. Da hat mir ein Gast geflüstert, sein Zimmer bei einer Plattform gebucht zu haben (den Namen spare ich mir an dieser Stelle) und den Preis (den ich hier auch nicht nenne) dafür bezahlt zu haben. Hau den Lukas, dachte ich mir: ein Zimmer gebucht, online und noch dazu 20 Euro günstiger.

Mein Tipp: Preistreue

- Stehen Sie zu Ihrer Preisaussage und halten die Treue. Dem schnellen Onlinegeld zu erliegen, kränkt nicht nur Stammkunden.
- Preispflege ist das A und O, sonst verschenken Sie online Geld und zahlen offline drauf.

Auf die Tücken der Statistik nicht hereinfallen

»Glauben Sie nur an Statistiken, die sie selber gefälscht haben. Zu Zeiten von Kain und Abel waren 50 Prozent Mörder.«

Seit Jahren vergeht kaum ein Tag, an dem im Netz, im TV oder ganz altmodisch im Wirtschaftsteil der Zeitungen keine Rekordmeldung über den Onlinehandel und kein pessimistischer Kommentar zum stationären Handel publiziert wird. Dies erzeugt eine Atmosphäre, in der der »analoge« Laden unaufhaltsam zum Untergang verdammt scheint. Die Ausweglosigkeit der letzten Monate in der Corona-Pandemie hat das noch verstärkt.

Mag sein, dass dabei auch der etwas naive Glaube eine Rolle spielt, das Neue und technisch Anspruchsvollere werde sich zwangsläufig durchsetzen. Dennoch ist das nur die halbe Wahrheit. Zweimal die halbe Wahrheit gibt aber nicht die ganze.

Zur Wahrheit gehört auch, nicht alle verdienen richtig Geld damit. Nur die ganz Großen von A und Z. Die von B bis Y tun sich da schon wesentlich schwerer. Der stationäre Handel ist also alles andere als tot, auch wenn insbesondere die Mode- und Elektronikbranche starke Onlinekonkurrenz haben und sich keine Branche vorschnell in Sicherheit wiegen sollte. Dabei bieten mehr und mehr Fachhändler den Onlineshops auch über das Internet Paroli.

BEISPIEL: HINKENDE VERGLEICHE

Tatsächlich hat der Onlinehandel eine lange Phase stürmischen Wachstums hinter sich. Insbesondere in den Anfangsjahren zu Beginn des Jahrtausends sorgten Wachstumsquoten im Internethandel von über 30 Prozent, 2004 und 2005 sogar über 45 Prozent für Aufsehen. 2020 liegt diese Zahl noch höher, was Ausgangssperren und anderen Umständen geschuldet ist.

Natürlich sind diese Zahlen nur Schlaglichter. Es gibt eine kaum noch übersehbare Fülle von Daten und Zukunftsprognosen zur Handelsentwicklung. Jeder Vergleich zu 2019 hinkt und verzerrt das Bild.

An allgemeinen Prognosen kann man sich schier schwindelig lesen. Dabei begegnet man Digitalextremisten, die neidisch nach China schielen und sich diesen Fortschritt wünschen mit Face Recognition, Zustellung innerhalb von zehn Minuten ab Bestellung usw. Und man begegnet Handelsromantikern, die meinen, es werde den Handel retten, wenn man Schaufenster schwarz verklebt und »Buy local«-Kampagnen startet. Dies hat eine Tourismusregion vor dem Lockdown im Herbst 2019 praktiziert. Heute wissen wir, welche »Verordnung« die Läden zum Schließen gezwungen hat.

Mein Tipp: Beherztes Handeln

Ich bin versucht zu sagen: Studien haben wir inzwischen mehr als genug. Woran es im stationären Handel fehlt, ist beherztes Handeln im doppelten Wortsinn.

Vertrauen bilden – Es ist nicht alles Gold, was glänzt

Die Überraschung ist bei Onlinebestellungen häufiger groß, doch sie ist dann noch größer, wenn ein online bestelltes Paket nicht den erwarteten Inhalt hat. Es stellen sich immer wieder die Fragen: Kann man der feilgebotenen Ware vertrauen? Ist sie originalverpackt? Und tatsächlich unbenutzt? Stammt sie nicht aus einer Retoure? Diese Beispiele ließen sich beliebig fortführen.

Jedoch die Chance, Vertrauen aufzubauen, nachhaltig zu pflegen und auch zu »verzinsen«, ist einmalig im stationären Handel. Wer nicht handelt, kann sich etwas einhandeln.

Vertrauen: Die Zutat zum langfristigen Erfolg

»Vertrauen? Sie wollen, dass ich jemandem vertraue? In welcher Welt leben Sie eigentlich? Die Zeiten, als ich nachts einen 100-Euro-Schein vor meine Haustüre legen konnte, um ihn am nächsten Morgen im Briefkasten zu finden, sind Geschichte. Ehrliche Mitmenschen, die das Geld ohne Zaudern zurückgeben, die gibt's doch kaum nicht mehr. Ehrliche Verkäufer sind auch Mangelware. Die wollen doch auch nur das Eine, nämlich mein sauer verdientes Geld.«

So denken heute viele. Ein Blick in den Geschäftsalltag bestätigt das. Menschen, die für das gleiche Unternehmen tätig sind und dementsprechend die gleichen Ziele verfolgen sollten, arbeiten nach Lust und Laune gegeneinander. Manager nennen das dann »gesunden Konkurrenzkampf«. Was aber soll daran gesund sein? Will ein Unternehmen Erfolg haben, muss ein Verkaufsteam funktionieren wie eine Fußballmannschaft. Elf Freunde, die ein Ziel verfolgen. Eine Karriere lang. Nur: Selbst dieses Klischee stimmt längst nicht mehr. Jeder Fußballprofi ist zur eigenen Marke geworden, die während der Saison inszeniert werden muss, damit zum Ende der Spielzeit ein neuer, noch lukrativerer Vertrag herausspringt. Mitspieler können da nur stören. Teamgeist? Wen interessiert das noch.

Seien wir keine Träumer. Heute ist sich jeder selbst am nächsten. Eigeninteressen dominieren. Das ist nicht wirklich neu. Was ich sehr bedauere: Menschen begegnen heute Verkäufern, Sonderangeboten, neuen Arbeitskollegen und Freunden mit Misstrauen. Onlineeinkäufen wird blind vertraut, ohne die Konsequenzen zu berücksichtigen. Wozu Energie sparen – bei mir kommt der Strom aus der Steckdose.

Wen wundert's? Die Medien schlachten sie genüsslich aus, die Geschichten über Betrügereien, Affären, Seitensprünge und Schlammschlachten. Da hören Hinz und Kunz gerne hin, werden aber zunehmend kritischer und verschlossener. Und am Arbeitsplatz nutzen nicht wenige Vorgesetzte ganz gezielt die Angst vor Stellenverlust, um Mitarbeiter zu manipulieren: »Online spare ich mir Personalkosten!«, schallt es den Gang entlang. All das hat Folgen: Vertrauen ist zu einer raren »Ressource« geworden. Vielleicht ist sie sogar noch knapper als die Zeit, die uns sowieso immer fehlt.

Mein Tipp: Vertrauen aufbauen

Dabei ist Vertrauen – in geschäftlichen ebenso wie in privaten Beziehungen – eine der wichtigsten Zutaten zum langfristigen Erfolg. Nur wer seiner stationären Einkaufsquelle, seinem Partner oder Team vertrauen kann und nicht immer alles kontrollieren muss, ist in der Lage, schnell zu handeln. Und was gibt es in unserer schnelllebigen Zeit Wichtigeres, als der Konkurrenz einen Schritt voraus zu sein? Eben.

Nachhaltig denkende Kunden kaufen offline

Vertrauen zahlt sich also aus. Das leuchtet ein, schließlich schätzen Mitarbeiter ein vertrauensvolles Klima im Unternehmen. Und auch der Kunde wird es merken, wie es um den Haussegen steht, ob Sie wollen oder nicht. Schätzt der Kunde auch unser Unternehmensklima, kauft er automatisch mehr stationär.

Wenn eine Firma offen und fair handelt, kommuniziert und entlohnt, solidarisieren sich Arbeitnehmer mit ihrer Firma. In guten wie in schlechten Zeiten. Das reduziert die Fluktuationsrate, was ein nicht zu vernachlässigender Kostenfaktor ist. Vor allem auch ein Kopierschutz, denn gut geschultes Personal im stationären Handel ist Mangelware und selten wie die »Blaue Mauritius«. Wer bedient Sie eigentlich online, lieber Kunde?

Damit sollte eigentlich auch dem letzten Skeptiker klar geworden sein, dass effiziente Geschäftstätigkeit ohne Vertrauen gar nicht möglich ist. Wie aber gelingt es, das allgemeine Klima des Misstrauens zu durchbrechen?

Vertrauen wächst nicht auf Bäumen

Es ist so eine Sache mit dem Vertrauen. Gratis gibt's das nicht. Ohne Zutun auch nicht. Und ohne Risiko schon gar nicht. Vertrauen kann man nicht forcieren, meinen Sie. Und recht haben Sie, wenn Sie an Privatbeziehungen denken. Da müssen sich die Partner die Vertrauensebene erschaffen und auf Dauer beweisen. In Unternehmen aber fehlt die Zeit, um sich wochen- oder gar monatelang zu beschnuppern, bevor es etwas wird mit dem Vertrauensverhältnis. Und für den ersten Fehleinkauf gibt es stationär keine Chance – online die Retoure als Auffangbecken. Das macht das Leben leichter – sicher nicht.

Am Anfang steht die ganze bewusste Entscheidung, seinen Kunden Vertrauen »vorzuschießen«. Anders geht es nicht. Vertrauen Sie darauf, dass Ihr Gegenüber kooperativ und integer ist und Ihr Vertrauen nicht ausnutzt. Natürlich werden Sie darauf achten, wem Sie wie viel Vertrauen vorschießen. Das hängt nicht zuletzt von Position, Kompetenzen und Erfahrung ab.

Mein Tipp: Schenken Sie möglichst viel Vertrauen

Seien Sie nicht geizig, schenken Sie möglichst viel Vertrauen. Alles andere wird als Misstrauensvotum interpretiert, was ein Vertrauensverhältnis nicht verunmöglicht, aber erheblich verzögert. Vor allem sind wir viel zu misstrauisch und lassen lieber einen Hund auf eine Wurst aufpassen, als einen Kunden alleine in seinem verantwortungsvollen Tun. Er könnte ja sich als »Spezialist für spontane Eigentumsübertragung« entlarven.

So schaffen Sie Vertrauen – vier Empfehlungen

Wenn Sie den Mut aufbringen und anderen vertrauen, ohne vorab eine »Gegenleistung« zu erwarten, sind Sie bestens in eine solidarische Arbeitsbeziehung gestartet. Wie aber geht es nun weiter? Versuchen Sie es mit den folgenden Empfehlungen.

Empfehlung 1: Ehrlich währt am längsten. Menschen spüren schneller, als Sie denken, ob Sie ehrlich sind oder versteckte Pläne verfolgen. Darum: No politics – oder kein Vertrauen. Sie haben die Wahl. Heißen Sie Ihre Kunden herzlich willkommen ohne Hintergedanken an den bevorstehenden Verkaufswettbewerb. Beraten Sie ihn als Problemlöser und nicht als »umsatzgieriger Raubritter«.

Empfehlung 2: Vergiss mein nicht. Wer ein offenes Ohr für seine Kunden hat und den Kopf nicht bereits bei der nächsten »Inventur«, wer sich auch an kleine Dinge erinnert (»Kommenden Freitag hat doch Ihre Tochter Geburtstag?«), beweist, dass er sein Gegenüber wahr- und ernst nimmt. Das Resultat: Sie ernten Glaubwürdigkeit und werden mit Loyalität belohnt.

Empfehlung 3: Versprochen ist versprochen. Eine alte Indianerweisheit: Kein Beinbruch schmerzt so sehr wie ein gebrochenes Versprechen. Darum: Halten Sie Wort. Widerstehen Sie der Versuchung, mehr zu versprechen, als Sie halten können, nur weil Sie gut dastehen wollen. Nur das macht Sie zum Fairplayer. Und nur Fairplayer genießen Vertrauen.

Empfehlung 4: Diskretion. Vielleicht das Allerwichtigste, Diskretion ist der Inbegriff von Vertrauen. Denn sie gewährleistet die Sicherheit, das Fangnetz, das es in jeder Beziehung braucht. Wer aber von anderen erfährt, was er Ihnen vertraulich erzählt hat, fühlt sich verraten, missbraucht und manipuliert. Viel schneller kann man Vertrauen gar nicht verspielen. Und: Vertraulicher Austausch unter vier Augen, das gibt es nur stationär.

Leadership ist gefragt: Vom Vertrauen zur Effizienz

Wenn Sie diese Empfehlungen befolgen, sind Sie auf dem besten Weg, die Effizienz in Ihrem Geschäftslokal in ungeahnte Bahnen zu katapultieren. Dazu später mehr, denn erst gilt es, noch eine Hürde zu überspringen – eine, die Sie viel Überwindung kosten wird: Kontrolle abbauen.

Seien Sie tapfer, bauen Sie Kontrolle ab

Das ist der ultimative und letzte Beweis, dass Sie voll und ganz vertrauen. Sie werden jetzt wohl leer schlucken und mich fragen, ob ich von Sinnen sei. Keineswegs. Denn Kontrolle abbauen heißt nicht, Kontrolle zu verlieren, sondern Freiräume zu geben. Definieren Sie gemeinsam Ziele, lassen Sie aber offen, wie diese erreicht werden. Haben Sie die Größe, Menschen ihr Ding machen zu lassen, selbst wenn Sie es anders anpacken würden. Das erfordert Tapferkeit und eine gewisse Leidensfähigkeit.

Aber denken Sie daran: Vielleicht ist Ihre Art ja nicht mal die beste. Darum empfiehlt es sich auch, weniger eng zu führen. »Was ich nicht weiß, macht mich nicht heiß«, mag dabei als Inspiration helfen. So verkürzen Sie ganz nebenbei auch Entscheidungswege.

Delegieren Sie und treffen Sie Abmachungen

Übertragen Sie Ihren Mitarbeitern Ver*antwort*ung. Der Augenkontakt entscheidet über das Kundenbegehren.

Nun, wenn alles glatt läuft und die Ziele erreicht werden, sind alle happy. Sie, Ihre Mitarbeiter und sogar der Buchhalter. Was aber, wenn etwas schiefläuft? Für diesen Fall haben Sie zuvor Abmachungen getroffen, Grenzen und Alarmsysteme definiert. Das gehört zu Ihrer Verantwortung. So erfahren Sie rechtzeitig von Vertrauensmissbräuchen und fatalen Misserfolgen. Ihre Mitarbeitenden und Kunden wissen dabei, welche Konsequenzen das hat. Ganz wichtig: Diese müssen Sie auch zwingend implementieren. Selbst wenn Ihnen das aufgrund des aufgebauten Vertrauensverhältnisses schwerfallen könnte. Wenn Sie stets fair, offen, loyal und diskret gehandelt haben, kann das Ihr Gegenüber aber auch richtig einschätzen.

Natürlich ist das nicht leicht. Wer aber hat gesagt, dass Führungsarbeit, egal auf welcher Stufe, einfach ist? Das Gute daran: Wer stets ein bisschen mehr gut als falsch macht, hat zwangsläufig Erfolg. Und mit einer gehörigen Lernkurve können Sie die versprochene Effizienz steigern. Denn wer Ihnen vertraut, braucht nicht lange zu zögern.

BEISPIEL: AUTOREPARATUR

Ihr Auto muss in die Garage, Sie aber brauchen es schnell zurück. Vertrauen Sie Ihrem Mechaniker? Bestehen Sie auf einen Kostenvoranschlag? Pochen Sie auf eine Zweitmeinung?

Fazit: Gelingt es dem Mechaniker, Ihr Vertrauen zu gewinnen, spart er sich, aber auch Ihnen Zeit und Mühe. Das ist effizient für beide. Sie haben schnell Ihr Auto zurück. Der Mechaniker seinerseits spart sich Arbeitskräfte bei der Angebotserstellung, die er andernorts profitabel einsetzen kann. Wir alle sind »Mechaniker« und arbeiten an Kundenbeziehungen.

BEISPIEL: REKLAMATION BEIM SACHBEARBEITER

Ein Produkt war mangelhaft, Beweise dafür aber fehlen. Muss der Sachbearbeiter nun durch die Mühlen der Verantwortlichkeiten des Unternehmens gehen? Oder genießt er das Vertrauen, die Situation mit gesundem Menschenverstand selbst einzuschätzen?

Fazit: Schneller ist meist günstiger, selbst wenn es sich um einen Fake handelt. Angenehmer Nebeneffekt: Der Kunde entwickelt eine Loyalität zu Ihrer Marke, die sich in Zukunft kapitalisieren wird. Und Ihre Mitarbeiter identifizieren sich mit Ihrem Unternehmen, was sich ebenfalls ausbezahlt.

BEISPIEL: VERTRAGSVERLÄNGERUNG

Ein gewohntes Szenario auf höchster Unternehmensebene. Ein Kundenvertrag läuft aus, die Zusammenarbeit war gut. Die Verlängerung darum nur Formsache?

Fazit: Wenn Sie es versäumt haben, das Vertrauen als fairer, transparenter und loyaler Partner aufzubauen, werden Sie länger und härter um Zahlen wie Konditionen feilschen und mit größter Wahrscheinlichkeit auch einen schlechteren Deal akzeptieren müssen.

Mein Tipp: Vertrauen zahlt sich immer aus

Für emotionale Menschen sowieso, aber auch für nüchterne Rechner. Tun Sie sich also einen Gefallen und entscheiden Sie sich bei Begegnungen mit Kunden stets dafür, eine gehörige Portion Vertrauen vorzuschießen. Die Enttäuschung kommt ganz von alleine. Und dann ist wirklich alles Gold, was glänzt.

Mein Onlineshop ist pleite

Als Tiger gesprungen und als Bettvorleger gelandet. Nach wie vor wird mit viel Euphorie in Onlineportale investiert. Man zahlt ja keine Miete für ein Landegeschäft. Und trotzdem gehen Shops Pleite? Wie kann das passieren?

Die folgenden Beispiele von Onlinemarktplätzen erheben, wie auch die anschließenden Beispiele aus dem Offlinesegment, keinen Anspruch auf statistische Repräsentativität. Sie stehen hier als das, was sie sind: Einzelfälle, aus denen sich gleichwohl erste Einsichten ableiten lassen.

Onlinehandel ist nicht per se erfolgreich

Wenn sich ein erfahrener Handelsriese und ein großes Telekommunikationsunternehmen zusammentun und gemeinsam einen Onlinemarktplatz gründen, kann eigentlich nichts schiefgehen, sollte man meinen.

BEISPIEL 1: AMAZON PAROLI BIETEN

»Siroop« hieß das Digitalunternehmen, das 2016 von der Schweizer Coop und der Swisscom aus der Taufe gehoben wurde, um Amazon Paroli zu bieten. Nur zwei Jahre später meldete die Swisscom den Verkauf ihrer Anteile an Coop. Coop wiederum verabschiedete sich von Siroop und ließ das Angebot in ihrem erfolgreicheren Technikshop Microspot aufgehen.

Branchenexperten meldeten, Siroop habe »trotz einer massiven Werbekampagne weder in Sachen Bekanntheit noch bei den Umsätzen mit den Branchenleadern mithalten« können. Und wir alle wissen, wen die Experten dabei vorrangig im Auge haben.

Fazit: Onlinehandel per se ist also kein Erfolgsrezept, selbst mit Know-how, Marktgröße und ausreichend Kapital nicht.

BEISPIEL 2: ONLINE-KAUFHAUS ÖSTERREICH

Der Handel ist vom Lockdown schwer geschädigt. Die Regierung reagierte viel zu spät mit einem »Online-Kaufhaus Österreich«. Die Webseite kostete 1,26 Millionen Euro und hat mehr Schwächen als Funktionen. Zu kaufen gibt es im Kaufhaus auch nichts. Nach drei Monaten fällt dem Wirtschaftsministerium ein, dass es gar keinen Shop betreiben darf, und schließt das »Kaufhaus Österreich«. (Quelle: https://kontrast.at/kaufhaus-oesterreich-kosten-shop)

Fazit: Die Shoppingplattform als Zusammenschluss verschiedener Unternehmer ging in die Hosen. Das Kaufhaus Österreich wurde zum Flophaus. Patchworkmarketing funktioniert auch online nicht. Offline eher, aber auch nicht immer. Online kann es gut sein, dass der Branchen- und Sortimentsmix nicht stimmt, die Einheitlichkeit zu wenig deutlich wahrgenommen wird und insgesamt die Plattform als unattraktiv im Vergleich mit A oder Z eingestuft wird. Jeder Zusammenschluss ist so stark wie das schwächste Glied in der Kette.

Mein Tipp

Wenn zwei sich streiten, freut sich der Dritte. Überlegen Sie sich genau, welcher Plattform Sie angehören wollen. Eine Gemeinschaftslösung ist günstiger, aber geht dieses Schiff unter, muss man gut schwimmen können. Machen Sie ihren eigenen Shop oder verzichten Sie darauf. Die Markenführung als Hersteller auf einen Marketplace zu delegieren, lehne ich ab.

Es gibt auch genügend Einzelfirmen, die ihren Onlineshop wieder geschlossen haben. Sie haben alle Kräfte gebündelt, um sich voll und ganz dem stationären Geschäft zu widmen. Meistens ist es ja leider umgekehrt. Online löst stationär ab. Bei einem Modehändler in meinem Heimatbundesland war das der Fall. Zwei Filialen, die dritte in Planung plus einen Onlineshop. Der Onlineshop wurde eliminiert und die dritte Filiale erst gar nicht mehr eröffnet. Alles doch nicht so einfach, online erfolgreich zu sein.

Exklusiv offline, verhindert Pleite online

Ganz dem Onlinehandel widerstanden hat das Unternehmen Primark. Primark ist ein Shoppingparadies für Fashionistas und preisbewusste Modeliebhaber, die mit den neuesten Trends mithalten möchten, ohne dabei ihr Konto zu sprengen. Als internationaler Einzelhändler bietet er topaktuelle Mode, Beautyprodukte und Wohnaccessoires zu unschlagbaren Preisen. Der Slogan lautet: »Amazing Fashion at Amazing Prices«.

Die Produkte gibt es nur im stationären Handel. Auf einen Onlineverkauf wird zur Gänze verzichtet. Kürzlich verkündete Primark, dass bei der Wiedereröffnung (nach covidbedingter Schließung) keine Sonderangebote oder Schnäppchenaktionen angeboten werden. Saisonware werde für später eingelagert, da ein Großteil der Bestände, wie Jeans und Unterwäsche, nicht saisonabhängig sind. Sichere und verwendbare Produkte werden nicht zerstört – so das Nachhaltigkeitsprinzip von Primark.

Fazit: Marken müssen Grenzen setzen und ihren Prinzipien treu bleiben. Gratulation, wenn Sie das schaffen.

Individuelle Beratung bieten

Es ist eine Kunst, das Innere eines Wohnraumes so zu verbessern und zu gestalten, dass sich der Mensch darin wohlfühlt.

Gerade in der jetzigen Zeit, in der sich vieles in den eigenen vier Wänden abspielt, steigt der Wunsch danach. Nur ist nicht jeder dazu geeignet, dies umzusetzen. Es können zwar schöne Möbel in einem Möbelhaus oder online ausgesucht werden – ob sie dann aber aufeinander abgestimmt sind und eine Wohlfühlatmosphäre schaffen, sei dahingestellt.

Interior Guiding statt Home24

Möbelhäuser fühlten sich lange Zeit sicher vor der Onlinekonkurrenz. Wer kauft schon ein Sofa im Internet? Inzwischen haben nicht nur die Branchenriesen eigene Onlineshops, es buhlt auch eine Reihe reiner Onlinehändler um Kunden jeden Geschmacks und jeder Brieftaschengröße. Die Auswahl ist riesig, und mancher fühlt sich davon restlos überfordert oder hat weder Lust noch Zeit, Stunden durch Möbelhäuser zu streifen oder sich durch das Netz zu klicken. Gibt es eine Lösung?

BEISPIEL: INDIVIDUELLE BERATUNG

Genau in diese Lücke stößt ein kleiner Innenausstatter in Hamburg, namens »decorazioni«. Er bietet Interior Guiding mit persönlicher Beratung vor Ort, Homestyling, Lichtplanung, Farbkonzepten und auch Raritäten-Scouting.

Natürlich ist es kein Zufall, dass dieses Angebot im noblen Eppendorf angesiedelt ist. Hier wohnt die Zielgruppe, die sich so einen Service leisten kann und will. Hut ab vor einer durchdachten Businessstrategie und vor der Erkenntnis, die auch schon das Traditionshaus Garhammer groß gemacht hat: Echte Verkäufer aus Fleisch und Blut sind vor allem dann gefragt, wenn sie es verstehen, ihre Kunden klug an die Hand zu nehmen und durch den Warendschungel zu lotsen, als »Guide« eben.

Abschreckend hingegen eine kürzlich erschienene Werbung auf der Titelseite einer Tageszeitung: »Lockdown droht! Jetzt Möbel sichern.« Ist das wirklich notwendig? Angstmarketing? Aufruf zum Zwangskauf? In meinen Augen ist das mehr als kontraproduktiv.

Mein Tipp

Die Rolle der Verkäufer wandelt sich. Und kluge Positionierung ist das A und O eines erfolgreichen Unternehmens. Charismatisches Verkaufspersonal hilft, diese Positionierung zu unterstützen und ist der beste Kopierschutz, den es gibt.

Man muss Menschen mögen – und mit Kunden reden

Investieren Sie auch in Blutdruck und Herzschläge, nicht nur in Bites und Bytes. Nähe rückt immer mehr ins Zentrum, genährt von der Sehnsucht nach echten Kontakten und Reaktionen. Kunden möchten gerührt, nicht geschüttelt werden.

Wenn Sie Kunden dauerhaft begeistern wollen, muss Ihnen also immer wieder Neues einfallen. Flankieren Sie eine Unternehmenskultur der Aufmerksamkeit und spontanen Herzlichkeitsgesten gegenüber dem Kunden mit geplanten Begeisterungsaktionen. Je mehr Köpfe sich dabei einbringen, desto mehr Ideen werden geboren. Mit der Eigenbeteiligung wachsen auch die Umsetzungschancen. Lesen Sie im Folgenden fünf Vorschläge, wie Sie Ihre Kunden immer wieder positiv überraschen:

Vorschlag 1: Überraschen Sie mit kleinen Ausstellungen, die etwas mit Ihrem Laden oder Ihren Produkten zu tun haben. Das beginnt bei einer Fotoausstellung, die selbstbewusst »40 Jahre Schuhhaus Meyer« plakatiert, und endet bei Infotainment wie einer »Kürbisausstellung«, die Dutzende Sorten von Australien bis Zypern versammelt. Beziehen Sie Azubis in solche Projekte ein und lassen Sie sich von deren Kreativität überraschen.

Vorschlag 2: Kooperieren Sie mit anderen Branchen in punkto Kundenüberraschung. Sie müssen nicht alles selbst stemmen. So könnten ein Buchhändler und ein Blumenhändler vor typischen »Geschenktagen« wie Muttertag oder Valentinstag Convenience-Pakete (Strauß plus Buch) anbieten.

Vorschlag 3: Bieten Sie ungewöhnlichen Service, der das Kundenleben erleichtert. Wie wäre es beispielsweise, wenn es bei Ihnen nicht nur den Weihnachtsbaum gäbe, sondern auch einen Liefer- und Aufstellservice? Wenn man bei Ihnen nicht nur Gänsebraten, sondern das komplette Weihnachtsmenü ordern und vorgekocht nach Hause liefern lassen könnte?

Vorschlag 4: Feiern Sie Jubiläen mit Gewinnspielen und Verlosungsaktionen. Ob es Sie 999 Tage, 10 Jahre oder 1.000 Wochen gibt, Anlässe lassen sich kreieren. Stellen Sie ein Glücksrad auf, bei dem Gewinner sofort ermittelt werden.

Vorschlag 5: Lassen Sie Ihre Kunden aktiv werden. Veranstalten Sie Bastelwettbewerbe für Kinder und stellen Sie die Ergebnisse aus. Sammeln Sie Vorschläge für das Menü der Woche. Lassen Sie Ihre Käsetheke bewerten. Geben Sie Wunschzettel aus: Was würde Ihre Kunden in Ihrem Laden begeistern?

»Shoppertainment« und »Gamification«

Die fünf Vorschläge können unter »Shoppertainment« und »Gamification« zusammengefasst werden. Damit die einzelnen Ideen Wirkung zeigen, müssen natürlich Ihre Basisprozesse stimmen.

Die noch wichtigere Frage: Spricht Ihr Angebot auch für sich und kommt Ihr Alleinstellungsmerkmal – es gibt ja beträchtliche Gründe und Erfolgsmuster, warum Ihr Geschäft bis zum heutigen Tag existiert – in Ihren Angeboten auch unübersehbar und unüberhörbar zum Ausdruck?

Reichern Sie Ihr Angebot geschickt an, um so vom Preis »abzulenken«. Beispielsweise verlängerte und kreative Garantieleistungen (Erreichbarkeit, Qualität, Dringlichkeit, out-of-stock), Hauszustellung, großzügiges Rückgaberecht, Happy Hour für Stammkunden.

> **Mein Tipp: Tunen Sie Ihr Angebot**
>
> Der Mensch ist ein Augentier und keine Leseratte. »Tunen« Sie Ihr Angebot formal, inhaltlich aber vor allem optisch. Ihr Angebot muss ein Unique Selling Proposition (USP) sein.

Hören Sie auf die Kunden und deren Empfehlungen

Eine alte Marketingweisheit sagt: »Wer da war, entscheidet darüber, wer hingeht.« Stellen Sie sich deshalb die Fragen:

- Verabschiedet Ihr Verkaufspersonal den Kunden mit den Worten »Empfehlen Sie uns weiter«?
- Hören Mitarbeiter dem Kunden überhaupt zu?

Gerne belausche ich Verkaufsgespräche – ganz ohne Hintergedanken, nur zur Weiterbildung. Folgendes hatte ich zufällig in einem Laden gehört.

BEISPIEL: ICH LEBE ALLEINE

Eine etwas betagte Frau betritt das Elektrogeschäft und wartet sehnsüchtig, bis sie angesprochen wird. Endlich ist es soweit. Statt der warmen Worte »Was kann ich tun für Sie?« wird die Dame mit »Suchen Sie etwas?« herz- und stimmungslos begrüßt. »Eine ganz kleine Waschmaschine, ich lebe alleine und alle bisher gesehenen sind mir zu groß«, äußert die Kundin zaghaft und fast schon entschuldigend ihren Wunsch, warum sie dieses Geschäft betreten hat. »Wir haben nur normale Waschmaschinen im Verkauf.« Aus, Ende des Verkaufsgespräches. Die Kundin hat als »Abnormale« den Laden verlassen, denn verkauft werden nur normale Geräte.

Es gibt viele und vor allem sehr gute Gründe, warum ein Kunde gerade Ihren Laden aufsucht. So war es wohl auch in dem vorherigen Beispiel. Doch mit einem Satz (»normale Waschmaschinen«) ist jegliche Form und Art von Werbeaussage und -versprechen verpufft. Die Grenze zwischen Kundenbegeisterung und Kundenfrust ist fließend. Überlassen Sie den Verkaufserfolg nicht der Tagesverfassung des Frontoffice. Für den ersten Eindruck gibt es keine zweite Chance. Online ist der Geduldsfaden der Kunden leider etwas länger – und auch dicker.

Online ist schlagbar und Offline erfolgreich

»Die Tragtasche ist das Symbol der Kaufkraft und des Wohlstandes vor Ort – nicht ein Karton.«

Wohlgemerkt: Es geht mir nicht um Schadenfreude, sondern um eine nüchterne Einschätzung. Denn, so wie online nicht der sichere Weg zu Profit ist, ist offline nicht der sichere Weg in den Untergang.

Neben Büchern und Elektronikartikeln bilden Textilien derzeit den Kern des Online-Geschäfts. Händler wie Zalando versprechen »Europas größte Auswahl an Fashion & Trends«, locken mit kostenfreiem Versand und Rückversand sowie 100 Tagen Rückgaberecht. Mit anderen Worten: null Risiko, null Zusatzkosten, Riesensortiment, und ich muss als Kunde nicht einmal das Sofa verlassen. Wer könnte da widerstehen?

BEISPIEL: WARUM MÜNCHNER IN WALDKIRCHEN KLEIDER KAUFEN

Offenbar genug Menschen kaufen im beschaulichen Waldkirchen nahe Passau, um ein mittelständisches Modehaus prosperieren zu lassen. Während sonst gerade in Kleinstädten die Bekleidungskunden scharenweise ins Internet abwandern, ist es hier genau umgekehrt: Münchner setzen sich ins Auto und fahren zwei Stunden. Garhammer heißt das Traditionshaus, das eine rührige Geschäftsführung über die Jahrzehnte laufend modernisiert und ausgebaut hat. »Wir leben Service« lautet der Slogan des Familienunternehmens. Darunter versteht man zum Beispiel ein neues Parkhaus mit XXL-Parkplätzen, ein Gourmetrestaurant im obersten Stock, ein Café, vor allem aber eine Schar von »Modeberatern«, die diesen Titel offenbar verdienen und mit denen man auch vorab einen Termin zum Personal Shopping vereinbaren kann. Selbstverständlich getrennt nach Zielgruppen von Young Fashion bis Herrenmode, schließlich hat man es hier mit echten Expertinnen und Experten zu tun, nicht mit lustlosen Verkäufern, die »nur, was da hängt« anbieten und an der Kasse einen 10-Prozent-Gutschein für das Jägerschnitzel im Kantinenrestaurant offerieren.

Wer dennoch das Wohnzimmer nicht verlassen will, kann bei Garhammer eine »persönliche Outfitbox« ordern, die nach groben Vorgaben (Stil, Größe, Budget) von Profis zusammengestellt und nach Hause geliefert wird – eine Wundertüte für Erwachsene sozusagen. Auch hier sind Versand und Rückversand selbstverständlich kostenlos. Oder man retourniert direkt im Laden, was man nicht behalten möchte.

Ergebnis der im Beispiel beschriebenen Serviceoffensive: Jahr für Jahr zweistellige Umsatzzuwächse. Fazit: Außergewöhnlicher Service wird mit außergewöhnlichem Erfolg belohnt.

Was für Zugaben gibt es?

Im Grunde zählen alle Waren und Leistungen dazu, die der Kunde zusätzlich zur »Hauptware« geschenkt bekommt, also auch das T-Shirt zum Jeanskauf oder der Reinigungsgutschein, die ich unter »Pakete« subsumiert habe. Zugaben im engeren Sinne sind für mich kleine Geschenke oder Gimmicks, die die Begehrlichkeit des Kunden wecken, auch wenn ihr Warenwert deutlich geringer ist als das Produkt, dem sie angehängt werden. Begehrlichkeit kann durch Exklusivität geweckt werden, wie bei limitierten Auflagen oder besonderen Produktionsreihen. Auch Zugaben, die auf die Sammelleidenschaft der Kunden zielen, sind begehrt.

Mein Tipp: Ideen für Zugaben

- Jedem Bierkasten wird eine Tüte mit Knabbereien beigelegt.
- Zum Blumenstrauß wird ein Tütchen Blumenfrisch gepackt und eine Pflegeanleitung für gängige Schnittblumen (Rosen, Tulpen, Nelken).
- Wer ein Parfüm kauft, bekommt drei Proben neuer Produkte dazu.
- Für jeden Einkauf von 5 Euro gibt es ein Tütchen begehrter Sammelbilder.
- Wer im Baumarkt mehr als 25 Euro ausgibt, bekommt an der Kasse ein Sixpack Bier geschenkt.

Wovor Amazon Angst hat

An den Retouren werdet ihr ihn erkennen – den Erfolg. Qualität ist, wenn der Kunde zurückkommt, und nicht das Produkt. Online ist es umgekehrt …

Die »Vorarlberger Nachrichten« veröffentlichen einen Kommentar von Thomas Ott zu den Entwicklungen, die der Onlinehandel mit sich bringt.

Schon wie ein guter alter Bekannter hebt der Paketzusteller die linke Hand zum Gruß, während er zurück zum Kleinlaster hastet, den er mit laufendem Motor abgestellt hat. Er braucht kaum zwei Minuten, um ein paar Pakete ins Nachbarhaus zu tragen. Routiniert wiederholt er den Vorgang noch dreimal, ehe er die kleine Straße wieder verlässt, die früher nur die Postbotin abgeklappert hat. Heute ergießen sich die Segnungen der Zulieferindustrie von der Tiefkühlpizza bis zur superheißen Mode weit häufiger in die kleine Nachbarschaft, als dass sich einmal ein Brief dorthin verirrte.

Ganz in der Nähe steht eine Containerinsel. Die Behälter erwarten rund um die Uhr Glas und Metall. Das kann man lesen. Es steht in großen Lettern angeschrieben. Auch die Öffnungen sind bedienerfreundlich angebracht. Doch scheinen das die einen mehr für eine vage Idee zu halten, so eine Art Vorschlag, indessen andere sich vermutlich aus Prinzip nicht von der Staatsmacht gängeln lassen. Nur so lässt sich erklären, dass die Container jeweils nach wenigen Tagen aus richtigen Müllbergen hervorragen, die rund um sie gewachsen sind. Verpackungen aller Art quellen aus den Zwischenräumen und ufern nicht selten ins angrenzende Waldstück aus.

Der Bauhof darf das dann beseitigen. Die Damen und die Herren in den orangen Overalls holen den Müll so zuverlässig ab, wie er zuvor in die Häuser geliefert worden war, und bestätigen damit ein besonders schönes Beispiel, wie das Wort von der Kreislaufwirtschaft gründlich missverstanden wird. (Quelle: Vorarlberger Nachrichten, 7.4.2021)

Ist Amazon tatsächlich unbesiegbar und wird sich langsam, aber sicher den gesamten Handel unterwerfen? Auch Goliath wurde schließlich zu Fall gebracht, und selbst der Drachentöter Siegfried besaß eine verwundbare Stelle. Einige Überlegungen dazu.

Ein Überangebot für Unwissende?

Nehmen wir an, Sie wollen sich ein Tablet der Marke XY zulegen, in der Version Z, mit den Zusatzfunktionen ABC und dem Prozessor DEF. Wenn Sie wissen, was Sie wollen, dann funktioniert es wunderbar. Wenige Klicks, Preisvergleich, gekauft. Nun, Sie müssen mindestens bis morgen warten, sind hoffentlich zu Hause, wenn der Paketbote klingelt, und sollten hoffen, dass das Gerät ordentlich verpackt und transportiert wurde. Aber meistens klappt das ja, und wenn Sie dabei etliche Euros sparen, why not?

Wenn wir allerdings annehmen, dass Sie keine Ahnung von Tablets haben und auch keinen Teenager in Reichweite, der Sie rasch aufklärt, stellt sich die Sache ein wenig anders dar. Wer den Begriff »Tablet« in die Suchmaske eingibt, erhält im Bruchteil einer Sekunde 2.000 Treffer. Da fällt die Entscheidung schon schwerer. Mehr Auswahl ist nicht automatisch besser, Kunden zögern in der latenten Unsicherheit verhaftet, etwas falsch zu machen.

So gesehen, stehen die Chancen bei unentschlossenen Kunden online eher schlecht. Natürlich können Kunden Testberichte wälzen, Userbewertungen lesen und online recherchieren. Doch die Wahrscheinlichkeit ist hoch, dass die Verwirrung dadurch ebenso wächst wie der zeitliche Aufwand. Beim Händler Ihres Vertrauens können Sie das Gerät nicht nur in die Hand nehmen, Sie bekommen eine vernünftige Beratung dazu (wenn der Händler Ihr Vertrauen verdient) und Sie sind möglicherweise in 15 Minuten wieder draußen. Mit Gerät.

Onlinemarken haben etliche Achillesfersen, und eine davon lautet Mangel an Übersicht, Beratung, echter Interaktion mit dem Kunden.

Scheitert Amazon am Einkaufserlebnis?

Ob es Konsumkritikern gefällt oder nicht: Einkaufen ist mehr als der Tausch von Geld gegen Produkte, mehr als die möglichst bequeme Beschaffung einer Ware zum möglichst günstigen Preis. Die Genussvariante des Kaufens heißt »Shopping«. »In der Regel sind mit dem Shopping über den bloßen Einkaufsakt hinausgehende Erlebnisreize verbunden, die von den Konsumenten geschätzt werden«, weiß das Internetlexikon Wikipedia. Welche »Erlebnisreize« bietet online? Kann man bei online »shoppen«? Schon die Frage mutet merkwürdig an. Zum Shoppen gehören Flanieren, Entdecken, Sich-anregen-Lassen – und auch das Finden, was man nicht gesucht hat, Kaffeetrinken, Sich-treiben-Lassen, Ware erbeuten.

- »Shoppen« ist analog, dreidimensional, multisensorisch.
- »Online bestellen« ist zweidimensional und wenig sinnlich.

Die Vorteile Bequemlichkeit und Preistransparenz werden erkauft mit einem Kauf-Akt, der prosaischer kaum sein könnte.

BEISPIEL: APPLE STORES

Dass die Erlebnisdimension beim Kaufen häufig eine wichtige Rolle spielt, hat Apple schon lange verstanden. Warum sonst würde eines der Flaggschiffe der digitalen Ökonomie die Welt mit Shops überziehen, die in ihrem reduzierten Styling an die exklusiven Boutiquen bekannter Modedesigner wie Jil Sander oder anderer Luxusmarken erinnern?

Wenn Kunden dennoch in vielen Bereichen auf das Internet ausweichen, hat das sicher auch damit zu tun, dass der stationäre Handel den Erlebnischarakter des Einkaufens zum Teil sträflich vernachlässigt und damit Konsumenten in die Arme der Onlinehändler treibt.

Kämpft Amazon mit einem Imageproblem?

Was, wenn Millionen Kreditkartennummern und Kontodaten in die Hände von Hackern fielen? Ein solcher IT-Supergau dürfte manche Kunden dauerhaft abschrecken. Und was, wenn die stetig wachsenden Umsätze dazu führen, dass Online sein Serviceversprechen prompter Zustellung nicht einhalten kann? Mancher Kunde zögert heute schon, eilige Weihnachtsbestellungen online aufzugeben, da Streikandrohungen in den Logistikzentren im Dezember so sicher sind wie der Lebkuchen im Supermarktregal.

Auch, dass Amazon auf seine Gewinne dank Firmensitz in Luxemburg erheblich weniger Steuern zahlt als viele seiner Kunden, diese also die Infrastruktur für Herrn Bezos mitfinanzieren, könnte sich langsam herumsprechen. Während ich dieses Kapitel schreibe, erreicht mich eine Online-Petition der Cyber-Aktivisten von Avaaz.org, in der ich aufgefordert werde, mich einer Protestaktion anzuschließen, die genau das ändern möchte. Schon länger debattiert man in Europa über eine Digitalsteuer und rückt damit das Thema ins Bewusstsein vieler Kunden.

Daneben ist auch das Lohnniveau bei Amazon mit schöner Regelmäßigkeit Thema in der Presse, spätestens dann, wenn in den Logistikzentren wieder einmal gestreikt wird. Gewerkschaften kämpfen seit Jahren dafür, dass Amazon-Mitarbeiter nach den Tarifen des Einzel- und Versandhandels bezahlt werden, bisher ohne Erfolg. Auch das provoziert immer wieder Negativschlagzeilen, nicht nur in Deutschland, sondern auch in anderen europäischen Ländern.

Steigerung des Markenwertes auf unsere Kosten?

Für den stationären Handel heißt das: Nur, wer ähnlich findig, kundenbesessen und experimentierfreudig agiert und gleichzeitig die analogen Stärken ausspielt, wird dauerhaft Erfolg haben!

BEISPIEL: KUNDEN-WC

In einer Wiener Buchhandlung habe ich folgendes Hinweisschild für »WC« entdeckt: »Kunden WC – Kunden von Amazon gehen bitte bei Amazon aufs WC«.

Bestimmte Geschäfte kann man doch nur stationär erledigen. Zum Nachdenken hat es mich jedenfalls angeregt.

Kernkompetenzen für Marketing-Leiter

Wer als Marketer tätig ist, versteht Marketing in seiner Gesamtheit als eine Mischung aus Denkvermögen, Handwerk und Kunst. Zudem kann ein gewisses Talent bei der Tätigkeit hilfreich sein, wichtig ist auf jeden Fall, die Kompetenzen für die Tätigkeit zu trainieren und auszubilden.

Lesen Sie in diesem Kapitel:

- wie Sie von anderen lernen können und welche Glaubenssätze im Marketing hilfreich sind,
- wie Sie lustvoll mutige Entscheidungen treffen und
- was das Berufsbild des Marke-ting-Sommeliers kennzeichnet.

Training für Marketingverantwortliche

Was ein Marketingverantwortlicher kann, ist das Eine. Wie er es umsetzt, das Andere. Sprich: Rhetorik ist eine Kunst, in der man sich ständig verbessern sollte. Denn das hilft Ihnen, Ihre Ideen besser zu verkaufen und – fast wichtiger – eine Mannschaft hinter Ihnen zu gruppieren, die sich bedingungslos für Ihre Marke einsetzt. Hier einige Tipps:

- Schauen Sie den besten Rhetorikern auf die Lippen und übersetzen Sie deren Körpersprache.
- Achten Sie darauf, an welchen Tagen und zu welchen Uhrzeiten sogenannte »Bad News« oder »Big News« verbreitet werden.
- Wenn Sie verstehen, wie Präsidenten gekonnt auf Kritik reagieren (und dabei auch noch punkten), können Sie viel für Ihren eigenen Auftritt lernen.
- Legen Sie sich eine Kartei zu, in der Sie die Meisterstücke der Rhetorik festhalten. Aber auch hier gilt: Abschauen ist gut, kopieren schlecht.
- Finden Sie den Stil, der zu Ihrer Persönlichkeit passt. Nur das wirkt letztlich authentisch und glaubwürdig.

Glaubenssätze und andere Erleuchtungen

Ein Mittel, das ich gerne einsetze, sind Redewendungen und Zitate kluger Köpfe. Denn sie bringen komplexe Zusammenhänge auf einen einfachen, plakativen Nenner. Hier liegt der

Grund, warum sich Zuhörer auch Wochen später noch an gewisse Aussagen erinnern können. Genau das wollen wir ja mit den Plädoyers für unsere Konzepte erreichen. Einige meiner liebsten Bonmots stelle ich Ihnen hier vor.

»Wenn man einen Kuchen backen will, muss man auch ein Ei zerschlagen«

Nur mit den richtigen Zutaten entsteht ein Mix, der den Konsumenten schmeckt. Das allein reicht aber nicht. Genauso wichtig sind die Abstimmung der einzelnen Zutaten und die Voraussicht, »heikle« Zutaten zu meiden. Sei es, weil viele sie nicht mögen oder sogar allergisch darauf reagieren. Und das Allerwichtigste: Ohne Risiko für Verluste geht nichts. Erst wenn das Ei brutal an der harten Kante aufschlägt, bringt es dem Kuchen etwas. Oder anders gesagt: »Wo gehobelt wird, da fallen Späne.« Darum: Seien Sie mutig, experimentieren Sie und gestehen Sie sich auch Fehler ein.

»Ein bisschen schwanger gibt es nicht«

Diesen Satz mag ich besonders gerne und verwende ihn, wenn natürliche Entstehungsprozesse beschleunigt werden sollen. Eine gesunde Schwangerschaft dauert zehn Monate oder 40 Wochen. Daran kann nicht gerüttelt werden. Das gleiche Resultat gibt es nicht schon früher. Die Worte sind aber auch ein Appell dazu, sich zu entscheiden. Ziehen Sie Ihr Ding durch oder lassen Sie es ganz einfach bleiben. Denn: »Auch wenn man am Grashalm zieht, wächst er nicht schneller.«

Das versteht jedes Kind und sollte seine Wirkung auch in Meetings nicht verfehlen, wenn das Marketing scheinbar zu wenig schnell greift. »Gut Ding will Weile haben«, sagt der Volksmund. Was in unserem Fall nichts anderes heißt, als dass es Zeit braucht, bis sich Markeninhalte festigen. Da hilft keine »Aktionitis«, keine inflationäre Argumentationslawine, sondern nur die gute, alte und häufig vernachlässigte Geduld.

Klar, viele sprechen heute von einer erhöhten Kundenmobilität. Geografisch findet diese statt, keine Frage. Geistig aber beschränkt sie sich meistens auf das Internet.

Eine Frage an Erbsenzähler ist diese hier: »Arbeiten Sie im oder am Unternehmen?« Bereiten Sie sich jetzt schon auf hitzige Diskussionen vor. Denn natürlich arbeiten alle gerne im und am Unternehmen. Viele verwechseln dies jedoch mit der reinen Büropräsenz. Mitarbeiter, die bis spätnachts arbeiten, sind natürlich wertvoll für eine Firma. Aber sind sie auch die effizientesten? Was nichts anderes als ein Appell an die Qualität ist, die Arbeitsqualität Ihrer Mitarbeiter.

»Investieren Sie in Beziehungen, nicht in Begegnungen«

Social Media ist ein Thema, das uns alle überrollt und zuweilen überfordert. Geht es nur um mich und nicht um meine Marke? Was bringt es konkret? Begegnungen zuhauf, klar. Image? Allenfalls. Aber nur wenigen ist es bislang gelungen, handfeste, sprich geschäftliche Vorteile aus Plattformen wie Facebook zu ziehen. Wie auch? Der Mensch stuft Beziehungen immer höher ein als eine lustige Begegnung. Darum entscheiden sich Konsumenten langfristig auch immer für die Marke, die sie seit Längerem glücklich macht; auch wenn eine andere etwas Spaß für zwischendurch verspricht. Das aber will nun nicht heißen, dass ich gegen schnelle Kontakte bin. Schließlich entsteht keine Beziehung ohne diesen ersten Anknüpfungspunkt.

Für die Markenpflege aber heißt das: Kontaktieren Sie mit einem klaren Ziel, investieren Sie in ein Businessmodell und nicht nur in eine Plattform. Und verschwenden Sie nicht Ihre Zeit und Mittel, nur weil es andere eben auch tun.

»Mach eine Faust, wenn du keine Finger hast«

Eine Botschaft für alle Zyniker unter uns. Wirkt übrigens recht gut, wenn in versammelten Gremien vom Marketing übermenschliche Wirkung gefordert, aber kaum Mittel zur Verfügung gestellt werden. Das Gute daran: Selbst bei heftigen Kontroversen können Sie mit Zitaten einen Schmunzler einstreuen. Das lockert die Stimmung auf und hat auch schon so manche eingefahrene Diskussion wieder in Schwung gebracht. Wenn Sie mit Zitaten arbeiten, sollten Sie altbekannte Plattitüden vermeiden. Denn was schon zu häufig verwendet wurde, merkt sich auch niemand mehr. Erfinden Sie lieber eigene Kernaussagen, die vielleicht das gleich zum Ausdruck bringen, nur eben eigenständiger und dadurch merkfähiger sind.

Mein Tipp: Finden Sie Ihre eigenen Glaubenssätze

Glaubenssätze sind Werkzeuge, die Ihnen helfen, in Ihrer Arbeit besser zu argumentieren. Je plakativer, umso besser. Wenn Sie nur mit einem Hammer umgehen können, schaut jedes Problem wie ein Nagel aus.

So treffen Sie lustvoll mutige Entscheidungen – 10 Tools

Wenn Sie ein hervorragendes Marketing haben und gleichzeitig lustvoll mutige Entscheidungen treffen, mache ich mir um Ihr Geschäftsmodell keine Sorgen.

> Entscheide lieber ungefähr richtig als genau falsch.

Fällt es Ihnen manchmal nicht so leicht, eine Entscheidung zu treffen, oder stehen Sie vor schwierigen Entscheidungen, dann helfen Ihnen die folgenden 10 Tools. Sie bieten Ihnen gute Unterstützung, in jeder Entscheidungslage. Und: Egal, ob Sie einen Entscheidungskompass benutzen, Ihre Entscheidungen im Kurzverfahren auf einer Liftfahrt oder mit einem Würfel fällen – tun Sie sich einen Gefallen: Seien Sie nicht abergläubisch. Denn am meisten glauben wir an das, was wir nicht wissen. Und Unwissen ist die größte Gefahrenquelle bei Entscheidungen. Erst recht, wenn Sie entdecken, dass Ihre letzte Tat wohl eine Fehlentscheidung war.

Lassen Sie locker, verkrampfen bringt nichts, das ist wie beim Kartenspiel. Ist die falsche Karte erst einmal gespielt, bleibt nichts anderes übrig, als mit dem Rest das Beste zu versuchen. Und danach? Danach werden die Karten neu gemischt.

In diesem Sinne wünsche ich Ihnen viele lustvolle und vor allem gelassene Entscheidungen, die zu Ihrem Wohl gereichen. Aber vergessen Sie nicht: Es gibt nicht für alles eine Lösung. Wenn Sie wieder einmal auf eine solche harte Nuss stoßen, verzweifeln Sie nicht. Statt ins Grübeln zu verfallen, dürfen Sie das Problem auch einmal einfach nur bewundern. Das alleine wird Ihre Stimmung aufhellen. Nachstehende Entscheidungstipps sollen Ihnen helfen, schneller in die Erfolgsspur zu finden. Sie kennen mein Credo: Handel kommt von Handeln und Umsatz von Umsetzen. Probieren Sie es, den Mutigen gehört die Welt.

Tool 1: Machen Sie eine Trübsalliste

Etwas, das immer hilft, ist eine Trübsalliste. Schreiben Sie auf, was Ihnen über die Leber gelaufen ist, was die Laune trübt, wo der Schuh drückt.

- Frage 1: Was beschäftigt mich?
- Frage 2: Was hindert mich daran, die Situation zu ändern?
- Frage 3: Hält mich etwas oder jemand zurück?

Gleichen Sie Erwartungshaltung und Erfüllungsgrad ab. Diagnostizieren Sie ehrlich, woran es liegt: An Ihnen? Am Umfeld?

Aber tun Sie sich einen Gefallen: Wann immer Sie sich und Ihr Leben analysieren, tun Sie es mit einer milden Bestimmtheit. Im Wissen, dass Eigenverantwortung der Garant dafür ist, damit Dinge so kommen, wie wir uns dies wünschen.

Eine Inspiration bietet dabei folgender Selbsttest: Stellen Sie sich abends vor, Sie würden Ihren letzten Abend verbringen.

- Was bereuen Sie?
- Was zaubert ein Lächeln auf Ihr Gesicht?
- Was haben Sie heute getan, das Sie stolz macht?
- Mit wem möchten Sie mehr Zeit verbringen?
- Was wollten Sie wem schon immer mal sagen?

Nehmen Sie diese Gedanken als Kompass für den nächsten Tag mit. Und machen Sie es sich zur Regel, jeweils einen Punkt in die Tat umzusetzen. Ohne Kompromisse, ohne Ausreden.

Meine Empfehlung: Wenn Sie das 21 Tage lang machen, schenken Sie sich eine neue Gewohnheit, die Ihr Leben voller und erfüllter machen wird. Es wird zur Routine – auch bei Ihrem Verkaufspersonal.

Tool 2: Seien Sie ruhig einmal nicht ganz hundertprozentig

Der Rat, nicht alles wissen zu wollen, scheint auf den ersten Blick banal. Ganz so trivial aber ist er nicht. Denn auch das Gegenteil ist trügerisch. Wer nämlich Entscheidungen auf die allzu leichte Schulter nimmt, setzt sich der Gefahr aus, von komplett irrelevanten Informationen beeinflusst zu werden. Und wer im Internet Fragen nur oberflächlich googelt, vertraut möglicherweise den falschen Informationen.

Darum: Schützen Sie sich vor beidem, oberflächlichem Wissen genauso wie vor einem Information Overload. Streben Sie bei einer Sachlage darum eine Wissensquote von 80 Prozent an. Erliegen Sie nicht der Versuchung, immer alles zu 100 Prozent ergründen zu wollen. Erstens verlieren Sie dabei zu viel Zeit – und nicht selten die Nerven. Zweitens braucht es für die letzten 20 Prozent einen überdimensionalen Einsatz, der das Entscheidungsvotum höchst selten nochmals auf den Kopf stellt. Und drittens verändern sich in unserer schnelllebigen Zeit die Fakten zu rasch, um auf ein vollständiges Wissen setzen zu können.

Meine Empfehlung: Wie aber wissen Sie, wann Sie bei 80 Prozent angelangt sind? Ganz einfach, wenn Sie sich im Kreis zu bewegen beginnen.

Tool 3: Die Würfel sind gefallen

Wenn Sie mal wieder mit sich im Clinch liegen, tagelang Pros und Kontras auflisten und dabei immer mehr Papier beanspruchen, aber nicht schlauer werden, gibt es einen Ausweg: Nehmen Sie den »Entscheidungssimulator« zur Hand, greifen Sie nach einem Würfel und würfeln Sie Ihre Entscheidung herbei.

Sie haben wohl richtig gelesen, aber ich vermute, Sie haben »Glücksspiel« verstanden? Doch darum geht es keineswegs. Denn auch wenn Sie die Würfel rollen lassen, wird nicht der Zufall entscheiden. Denn der Würfel agiert lediglich als »Agent Provocateur«, der Ihre Entscheidung provoziert. Die Spielregeln sind einfach:

Holen Sie sich aus einer Spielschachtel einen Würfel und schreiben Sie sich eine Entscheidungslegende, die Sie ganz Ihrer Fragestellung anpassen. Ein Beispiel soll es verdeutlichen.

Frage: Soll ich meine Öffnungszeiten reduzieren und dafür einen Onlineshop installieren? Die Zahlen auf dem Würfel bedeuten Folgendes:

- 1 = Ja, ich reduziere meine Öffnungszeiten.
- 2 = Ich will keinen Onlineshop – ist nur ein Trend.
- 3 = Beides geht nicht.
- 4 = Yes – alles online – das kommt gut.
- 5 = Ich schließe mein Geschäft – online ist die Lösung.
- 6 = Ich gehe ins Kloster.

Jetzt Augen schließen, durchatmen, konzentrieren Sie sich. Rollen Sie den Würfel mit der festen Absicht, das Ergebnis zu akzeptieren – und umzusetzen. Und siehe da: Ihr Bauch wird bei jedem Resultat reagieren und je nachdem rebellieren. Achten Sie also auf Ihre Reaktion auf das erwürfelte Ergebnis. Sie haben eine Fünf gewürfelt und Ihr Bauch rebelliert? Ein klarer

Beweis, dass die gewürfelte Option nicht im Einklang mit Ihren Plänen und Zielen steht. Sie sind einen kleinen Schritt weiter in der Erkenntnis, wohin die Reise gehen soll.

Tool 4: Seien Sie mal nicht Sie selbst

Haben Sie schon mal vom russischen Psychotherapeuten Vladimir Raikov gehört? Spannend, was er herausgefunden hat. Er versetzte seine Patienten in Hypnose und gab ihnen zu verstehen, brillante Persönlichkeiten wie Rembrandt, Mozart oder Einstein zu sein. Und siehe da: Die Versuchspersonen trumpften urplötzlich mit Einsichten und Talenten auf, wie wir sie von den großen Denkern und Machern kennen. Die Technik wurde unter dem Namen »Borrowed Genius« bekannt, was so viel wie »geborgtes Genie« bedeutet. Es geht aber auch ohne Trancezustand, wie Walt Disney bewies.

»Wenn du es träumen kannst, kannst du es tun.«
Walt Disney

BEISPIEL: DIE DREI SESSEL

Walt Disney war bekannt für seine Kreativität. Und die war alles andere als ein Zufallsprodukt. In seinem Büro hatte er nämlich drei Sessel stehen, die nie verrückt wurden. Je nach Entwicklungsphase eines Projekts setzte er sich in den einen oder anderen Sessel.

1. Im Ersten nahm er Platz, wenn er eine neue Idee entwickelte. Dementsprechend nannte er diesen Sessel Dreamer, Träumer also. Dabei entwickelte er Ideen ohne Grenzen und Gedanken an Machbarkeit oder dergleichen.

2. Den Zweiten nannte er »Realist«. Wenn er sich hier niederließ, drehten sich seine Gedanken nur um die Verwirklichung seines Traums. War die Idee auch machbar?
3. Zum Schluss setzte er sich in den Sessel, den er »Kritiker« nannte. Dabei beschäftigte er sich nur noch mit den Dingen, die sein Projekt gefährden oder scheitern lassen konnten. So schuf er Projekte, die noch heute Millionen verzaubern.

Lassen Sie sich von diesen Tricks inspirieren, ohne gleich einen Hypnotiseur aufzusuchen oder drei verschiedene Sessel kaufen zu müssen. Schlüpfen Sie in die Rolle von Menschen, deren Werte Sie teilen – oder eben gerade nicht.

Tool 5: Der Aufzug zur Erleuchtung

Sie schlagen sich mit einer Frage herum, die Sie schon seit Tagen hin und her wälzen? Die Pro-und-Kontra-Liste wird nur länger, aber nicht aussagekräftiger? Sie können sich weder für das eine noch das andere entscheiden? Dann gibt es nur eines: Ab in die Zeitmaschine. Und das geht so:

Gehen Sie zu Hause nochmals alle Punkte durch. »Inhalieren« Sie die Ausgangslage, ohne eine bewusste Entscheidung zu treffen. Saugen Sie einfach alles auf, das Sie in die Pattsituation geführt hat, in der Sie gerade stecken. Nun verlassen Sie das Haus. Sie ziehen dabei die Türe hinter sich zu, im Bewusstsein, dass Sie mit einer Entscheidung nach Hause kehren werden.

Genießen Sie dieses Gefühl der Erleichterung – und denken Sie jetzt an alles andere. An den Film, den Sie gestern gesehen haben, das bevorstehende Wochenende oder was immer Sie bei Laune hält. Nur eines ist dabei wichtig: Es darf nichts mit der Entscheidung zu tun haben, die Sie jetzt dann gleich fällen werden.

Steuern Sie zielsicher das höchste Gebäude in Ihrer Umgebung an. Das hat bestimmt einen Lift – und genau den nehmen Sie. Mit dem Vorsatz, während der Dauer der Liftfahrt die Entscheidung zu treffen, die Sie nun schon seit Tagen quält. Bevor Sie den Lift per Knopfdruck anfordern, machen Sie sich die Fragestellung nochmals kurz bewusst. Schon öffnet sich die Türe. Nun betreten Sie die »Maschine«, die Sie während der Fahrt nach oben zur Lösung katapultieren wird. Sie drücken nämlich die Taste zur obersten Etage.

Summen Sie kurz »Spiel mir das Lied vom Tod« – wenn Sie dramatisch veranlagt sind, denn jetzt ist »High Noon«. Setzt sich der Lift in Bewegung, beginnt auf dem Stockwerk-Display der Countdown. Diese Zeit bleibt Ihnen, bis Sie sich entschieden haben.

Meine Empfehlung: Horchen Sie in sich hinein, während der Zeitdruck Ihnen die Kehle zuschnürt. Ziehen Sie die Entscheidung, die sich am besten anfühlt. Ganz wichtig: Stellen Sie sich darauf ein, dass Sie bei Ihren Gedankengängen unterbrochen und abgelenkt werden, der Lift anhält und neue »Fahrgäste« zusteigen. Doch genau das gehört dazu. Denn diese äußeren Einflüsse werden Ihnen noch klarer aufzeigen, womit Sie sich wohler fühlen.

Tool 6: Frühjahrsputz

Warum eigentlich heißt es »Frühjahrsputz«? Nun, ganz einfach, weil sich die dunkle Jahreszeit und der Mief des Stubenhockens endlich verziehen. Und weil uns die Lebenskraft und -freude, die sich in der Natur zurückmeldet, mit positiver Energie und guter Laune versorgt. Das hilft, unser Leben mit frischem Elan in Angriff zu nehmen. Was mich zu einem zentralen Stichwort bei der Entscheidungsfindung gemeinhin bringt:

Treffen Sie Entscheidungen, insbesondere wichtige, wenn Sie sich »voll im Saft« fühlen. Also gut, ausgeglichen und positiv. Denn die Energie Ihrer Geisteshaltung beeinflusst nicht nur Ihre Entscheidung – sondern auch deren Ausgang.

Auch wenn ich grundsätzlich vor Entscheidungsstaus warne und die Vorteile schneller Entscheidungen genieße, gibt es Tage, an denen wir besser nichts entscheiden. Nämlich, wenn unsere Moral zu tief oder zu hoch hängt. Ja, richtig, stoppen Sie sich auch, wenn Sie euphorisch auf einer emotionalen Siegeswelle reiten. Denn dann tendieren Sie zu übermütigen Entscheidungen, die Sie etwas gelassener nie treffen würden.

Doch zurück zum Aufräumen. Nutzen Sie die Gunst der Stunde, wenn Sie voller Tatendrang sind. Und werfen Sie Ballast ab. Trennen Sie sich von allem, was Sie in den letzten zwei Jahren nicht angefasst haben. Ihr Partner gehört da hoffentlich nicht dazu.

Entrümpeln Sie alles, was Sie nicht mehr brauchen. Und räumen Sie den Berg an Unerledigtem, der sich seit Monaten in die Höhe schraubt, aus dem Weg. Hier eine kurze, inspirierende Liste.

- Kündigen Sie Mitgliedschaften und Abonnements von Zeitungen, Fachzeitschriften, Newsletter und dergleichen, die Sie in den letzten sechs Monaten nicht einmal gelesen haben.
- Trennen Sie sich von Illusionen und Träumen, denen Sie in den letzten zwei Jahren keinen Schritt nähergekommen sind. Sei es ein Geschäft, das nie zum Abschluss kommt, ein Vertrag, der immer und immer wieder hinausgeschoben wird, oder ein Projekt, das nur von der Hoffnung lebt. Sagen Sie »Servus!« und definieren Sie neue Ziele.
- Listen Sie alle Gespräche auf, die Sie führen wollen – und müssen. So unangenehm das sein mag, ob Aussprache mit zerstrittenen Eltern, unehrlichem Partner, böser Erbengemeinschaft, säumigen Kunden oder mobbenden Mitarbeitern, jetzt ist der beste Moment, aufzuräumen, reinen Tisch zu machen. Aber wie gesagt, tun Sie es aus einer positiven Position heraus – und nicht, um gnadenlose Revanchegelüste zu stillen. Denn das bringt Sie nur zurück zum Zitat von Leonardo da Vinci: Die meisten Probleme entstehen bei ihrer Lösung.
- Analysieren Sie Ihre Gewohnheiten – und seien Sie ehrlich: Sabotieren Sie sich und Ihre Ziele mit Ihrem Verhalten? Wenn ja: Jetzt ist die Zeit, etwas dagegen zu tun.

- Benennen Sie die »Unglücksmacher« in Ihrem Leben. Menschen, die Ihnen nicht guttun, Jobs, die Sie deprimieren, (Frei-)Räume und Wohnungen, die Sie einengen. Und definieren Sie die Lösungen dazu. Diese sollen bis zum nächsten Aufräumen als Leitstern Ihres Handelns dienen.

Und zu guter Letzt eine Anregung. Nehmen Sie die »Aufräumaktion« auch als Anlass, kurz in den »Rückspiegel« Ihres Lebens zu schauen. Was haben Sie erreicht: heute, gestern, letzte Woche, in den letzten Jahren? Und freuen Sie sich an den positiven Dingen im Leben. Denken Sie daran: Nichts ist selbstverständlich und alles, was Sie heute sind, ist ein Geschenk.

Meine Empfehlung: Gehen Sie freundlich mit anderen um. Das klingt simpel, gelingt mir aber auch nicht immer. Konkret heißt das: Freuen Sie sich mit anderen und ergötzen Sie sich nicht an deren Misserfolgen. Denn eines kann ich Ihnen versprechen: Keine andere Entscheidung in Ihrem Leben wird Ihre Zufriedenheit mehr steigern als diese.

Tool 7: Führen Sie sich Ihre Situation vor Augen

Statt auf unglückliche Umstände zu warten, können Sie ganz profane Ausflüge nutzen, um sich Ihre existenzielle Lage zu vergegenwärtigen. Beispielsweise, wenn Sie mal wieder durch ein IKEA-Verkaufsgeschäft pilgern. **Die 1-Meter-Maßbänder aus Papier**, die dazu gedacht sind, Möbel zu vermessen, können

Sie da fast an jeder Ecke finden. Sie können aber auch Ihrer Lebensgestaltung dienen. Schnappen Sie sich einen davon und dann führen Sie folgende Schritte durch:

Schritt 1: Verkürzen Sie den Meter auf die durchschnittliche Lebenserwartung in Ihrem Land:

- Sie leben in der Schweiz: 82,9 cm
- Sie leben in Österreich: 80,9 cm
- Sie leben in Deutschland: 80,2 cm

Schritt 2: Entfernen Sie nun die Anzahl Ihres Lebensalters. Wenn Sie also 41 Jahre alt sind, reißen Sie das Stück von 0 bis 41 cm ab. Wenn Sie in Österreich leben, wie ich, würden Sie nun noch einen Streifen von 39,9 cm Länge in den Händen halten.

Das bisschen Papier zeigt Ihnen erbarmungslos auf, wie viel Zeit Ihnen auf der Erde durchschnittlich noch bleibt. Die gute Nachricht: Wenn Sie nicht zu viel essen und trinken und sich etwas mehr bewegen, als nur vom Bett zur Garage, in der Ihr Auto steht, sind die Chancen groß, dass Sie noch etwas länger leben.

Unabhängig davon hängen Sie sich den verkürzten Laufmeter an einen Ort, an dem er Sie immer wieder mal daran erinnert, mehr aus Ihrer Zeit zu machen. Sich nicht in Kleinigkeiten zu verlieren, sondern das Leben und die Menschen, die Sie umgeben, zu genießen. Falls Ihnen das nicht gelingt, sollten Sie sich grundlegende Fragen stellen. Dazu können Sie übrigens einen ganz einfachen Test machen:

Zeichnen Sie für Ihre letzten drei Jahre eine Zeitlinie auf. Tragen Sie nun, fein säuberlich nach Monaten sortiert, einen Punkt für berufliche und private Höhepunkte ein, die Sie in dieser Zeit geprägt haben. Je glücklicher Sie dabei waren, desto höher siedeln Sie den Punkt an. Gleiches gilt für die Tiefschläge, die Sie, je nach Leidensstand, weiter südlich eintragen.

Zum Schluss verbinden Sie die einzelnen Punkte. Daraus ergibt sich eine Kurve, wie sie Börsenhändler tagtäglich anstarren. Jetzt gilt auch für Sie: »The trend is your friend«. Zieht sich die Linie nämlich auf hohem Niveau übers Papier, können Sie mit sich zufrieden sein. Sie scheinen im Leben vieles gut und richtig zu entscheiden. Schlängelt sich die Linie dagegen durch die tiefen Gefilde des Blattes, sollten Sie lernen, andere Entscheidungen zu treffen.

Meine Empfehlung: Eines sollten Sie sich bewusst machen: Egal, wie die Trendkurve verläuft, sie ist keine Garantie für die Zukunft. Denn entgegen mancher Glaubenssysteme bestimmt die Vergangenheit nicht, wie Ihre Zukunft aussehen wird. Das haben Sie in jedem Moment Ihres Lebens selbst in der Hand. Ab und zu einen Blick auf das immer kleiner werdende Maßband zu werfen, kann dabei nicht schaden und Sie zu wahren Höhenflügen motivieren. Nicht weniger wünsche ich Ihnen.

Tool 8: Schenken Sie sich ein Motto

Jedes Buch und alle Filme, die etwas taugen, haben eine Prämisse, ein Thema, ein Motto oder wie immer Sie das nennen mögen. Jedenfalls einen Satz, der für die »Moral der Geschichte« steht. Zur Veranschaulichung:

- Mut führt zur Erlösung. So gelesen und gesehen in »Der alte Mann und das Meer« von Ernest Hemingway.
- Der menschliche Geist lässt sich nicht brechen. Das beweist die Geschichte »Einer flog übers Kuckucksnest« von Ken Kesey oder der Film »Invictus – Unbezwungen« über Nelson Mandela.
- Liebe überwindet alle Hindernisse. Das klassische Thema in Literatur, Film und Musik: »Romeo und Julia« und »Titanic« sind nur zwei Beispiele dafür, selbst wenn die Geschichten tragisch enden.

Schenken auch Sie sich eine Lebensprämisse. Einen Satz, der Sie ständig an Ihr Lebensziel, an ein Vorhaben erinnert und Sie dazu ermuntert, weiterzumachen, auch wenn die Umstände einmal – so wie in den letzten Monaten – nicht günstig stehen.

Mein Tipp: Ich wünsche Ihnen viel Spaß bei der Definition Ihrer »Prämisse«. Ich verspreche Ihnen: Schon die Zeit, die Sie mit den Gedanken an Ihre Lieblingsdinge im Leben verbringen, ist den Aufwand wert. Und eine gute Gelegenheit, sich mal wieder etwas besser kennenzulernen. Viel Spaß dabei!

Tool 9: Denken Sie um die Ecke

Ein weiser Spruch besagt: »Wenn uns das Wasser bis zum Hals steht, ist es der falsche Zeitpunkt, den Kopf hängen zu lassen«. Also nur nicht aufgeben – und Entscheidungen mit Voraussicht treffen.

BEISPIEL: DREI VOR, ZWEI ZURÜCK

Ein gebildeter Herr sitzt in einer Pariser Bar und ist sich plötzlich nicht mehr sicher. Heißt es nun »une bière« oder »un bière«? So oder so, als bekennender Perfektionist will er sich nicht blamieren und bestellt kurzum »trois bières«. Da ist er sich nämlich grammatikalisch sicher. Kaum stehen die drei Gläser vor ihm, beordert er den Kellner zu sich und meint augenzwinkernd: »Deux retour, s'il vous plaît«.

Diese Anekdote zeigt deutlich, wie die Folgen einer schwierigen Entscheidung antizipiert und dazu genutzt werden können, um seine Ziele zu erreichen. Natürlich, dies bedarf eines strategischen Geschicks. Doch die gute Nachricht: Das lässt sich auch lernen. Versuchen Sie es mal bei der nächsten kniffligen Entscheidung, bei der es nichts zu gewinnen, aber viel zu verlieren gibt. Malen Sie sich die Folgen Ihrer Entscheidung aus. Welche Situation entsteht daraus? Und wie können Sie auf diese reagieren? Werden Sie zum Schachspieler, der stets vier, fünf Züge vorausdenkt und auf jede Antwort seines Gegners vorbereitet ist.

Wenn Sie so denken, entscheiden und handeln, machen Sie etwas ganz Wichtiges: Sie nehmen den Fokus von der ersten, unangenehmen Entscheidung, die unumgänglich zu treffen ist, und fügen eine Langzeitperspektive hinzu, die Sie Hoffnung und Mut schöpfen lässt. Bei schwierigen Entscheidungen halte ich mich darum stets an einen Drei-Punkte-Plan:

- Blicke voraus, antizipiere, schmiede Pläne und Alternativen.
- Kontrolliere dein Ego, denn das kommt bei kniffligen Entscheidungen meist nur in und die Quere.
- Entscheide schnell, was in deiner Macht steht. Denn warten verlängert lediglich die Leidenszeit, erhöht aber nur selten die Entscheidungsqualität.

Dabei lässt sich sagen: Je schwerer die Entscheidung, desto befreiender die Wirkung. Und das ist doch schon mal was.

Tool 10: Peilen Sie den richtigen Weg an

Bevor es losgeht, sollten Sie erst mal einstellen, wo bei Ihnen Norden liegt. Also: Was wollen Sie denn mit Ihrem Leben anfangen? Träumen Sie vom Auswandern, müsste Ihr »Norden« ganz woanders liegen als bei jemandem, der sich dem Heimatschutz verschrieben hat. Dabei ganz wichtig: Hören Sie auf Ihre innere Stimme. Vermeiden Sie es, dem Zeitgeist oder führenden Sprachrohren unserer Zeit zu folgen. Denn wer dem Herdentrieb folgt, landet irgendwann im Schlachthaus der eigenen Träume.

Sie kennen Ihren »Norden«? Gut, dann kann es losgehen. Legen Sie Ihr aktuelles Problem vor sich hin und wir schreiten gemeinsam durch diesen Kurs.

Der Marke-ting-Sommelier als Berufsbild

Das Berufsfeld »Marketing und Werbung« bietet eine Jobvielfalt, die leicht zur Verzweiflung oder wenigstens Verwirrung führen kann. Eine kleine Auswahl:

- Chief Marke-ting Officer
- Marke-ting-Leiter
- Leiter Marke-ting-Kommunikation
- Visual Merchandiser
- Corporate Officer

Dass bei all diesen Berufen selbst die Unternehmen nicht immer den Durchblick bewahren, zeigt sich in den Stellenanzeigen. Häufig passen da Jobtitel und Tätigkeit nicht zusammen. Umso wohltuender, wenn einmal zu lesen ist: »Gesucht: Leiter Marketing Kommunikation und Markenführung.« Und weiter: »schafft mit einer abgestimmten Markenführung ein durchgängiges Markenerlebnis.« Hier weiß ein Marketingprofi gleich, dass es sich um einen Arbeitgeber handelt, der um die Bedeutung unserer Arbeit weiß.

Unabhängig von der Spezialisierung eines Marketingexperten steht die Kommunikation mit all ihren Facetten im Zentrum der Arbeit, weshalb ich zur Veranschaulichung unseren Beruf gerne mit dem eines Sommeliers vergleiche. Der berät Kunden zu seinem Weinangebot, empfiehlt den passenden Wein zu den jeweiligen Speisen und entscheidet über Aufbau, Bestellung, Lagerung und Bestand seines Weinkellers.

Die 6 Kennzeichen eines Marke-ting-Sommeliers

Kennzeichen 1: Der Marke-ting-Sommelier bekennt sich mit Leib und Seele zur Markenführung und versteht Marketing in seiner Gesamtheit als eine Mischung aus Denkvermögen, Handwerk und Kunst, die ein gewisses Talent voraussetzt.

Kennzeichen 2: Er kennt die Gesetze der Markenführung und den Stellenwert einer markengeführten Unternehmenskultur.

Kennzeichen 3: Er beherrscht die Marketinginstrumente, legt beim Marketingmix auf eine ausgewogene Mischung Wert und setzt, genau wie ein Wein-Sommelier, nie auf den Preis als einziges oder erstes Entscheidungskriterium.

Kennzeichen 4: Für jede Herausforderung entwickelt er eine adäquate Lösung, handelt stets verhältnismäßig und nachhaltig.

Kennzeichen 5: Ihm ist bewusst, dass eine Marke nicht alles kann, dass man Grenzen setzen und auch mal Nein sagen muss. So verleiht er seiner Marke ein Gesicht, pflegt sie und entwickelt sie behutsam weiter, als ob sie sein Kind wäre.

Kennzeichen 6: Angetrieben wird der Marke-ting-Sommelier wie sein Wein-, Käse- oder Was-auch-immer-Kollege von einer starken Leidenschaft.

Der Eid des Marke-ting-Sommeliers

Auch wenn der Eid des Hippokrates heute von Ärzten nicht mehr geleistet wird, so beeinflusst er noch immer deren berufliche Ethik. Auch wir Marketingverantwortliche können viele Kunstfehler vermeiden, wenn wir unser Handeln an einer philosophischen Verpflichtung ausrichten. Von folgenden Werten sollten wir uns dabei besonders leiten lassen:

> Ein Marke-ting-Sommelier
> ist konsequent im Denken und Handeln,
> ist schnell in der Entscheidung,
> ist ein Gestalter und kein Verwalter,
> arbeitet am und nicht im Unternehmen und
> stellt die Marke in den Mittelpunkt seines Tuns.

Die 10 goldenen Kriterien des Marke-ting-Sommeliers

Soweit der Kern. Welche Eigenschaften aber zeichnen einen Marke-ting-Sommelier aus? Ich habe für Sie und für mich die »Goldenen zehn Kriterien« zusammengefasst:

Goldenes Kriterium 1: Ein Marke-ting-Sommelier ist ein routinierter Spielemacher mit hoher Laufbereitschaft.

Mit Fortdauer der beruflichen Karriere schlägt Routine die Zeit. Wie beim Wein: Je älter, desto besser. Verstehen Sie mich nicht falsch, es geht nicht darum, aus einer Not eine Tugend zu machen. Es liegt aber auf der Hand, dass gewisse Herausforderungen mit Erfahrung leichter gemeistert werden. Zudem lassen sich Jobs schneller, weil aus dem Effeff, erledigen, was sich positiv auf das Zeitmanagement und damit auf Effizienz und Effektivität auswirkt. Der Marketingverantwortliche gestaltet seine Marke mit Routine, vermeidet aber negative Aspekte, wie Unaufmerksamkeit und Oberflächlichkeit, im Arbeitsalltag. Das hält ihn geistig flexibel und fit. Zu schaffen ist das nur, wenn wir unsere natürliche Neugierde und die Freude daran nie verlieren, eine Marke im sich ständig verändernden Marktumfeld wachsen zu lassen.

Goldenes Kriterium 2: Ein Marke-ting-Sommelier lässt sich nicht blenden.

Ein Wein-Sommelier lässt sich von raffiniert gestalteten Etiketten nicht täuschen, denn er kann Form und Inhalt perfekt analysieren. Hobbyweinkenner dagegen, die mehr Affinität als effektives Fachwissen besitzen, gehen Blendern häufig auf den Leim. Das beweisen Studien zuhauf. Ich mag dabei nicht von Etikettenschwindel reden, denn als Experte sollte man seine Materie kennen. Gleiches gilt für uns Marketingverantwortliche.

Dennoch sehe ich häufig, wie sich Marketingabteilungen von Werbeagenturen beeindrucken lassen, sei es, weil ihnen ein großer Ruf vorauseilt oder weil sie ihre Arbeiten clever zu verkaufen wissen. Nicht selten unterscheidet sich auch die Motivation von Agentur und Kunde grundlegend. Denkt die Agentur bei der Konzeptentwicklung an attraktive Preise, die sie gewinnen will, geht es dem Kunden einzig und allein darum, mehr Umsatz zu erzielen. Gut möglich, dass beide zu eindimensional denken und die Wahrheit in der Mitte liegt. (Was übrigens nicht heißt, dass man sich auf Kompromiss einigen sollte, ganz im Gegenteil!)

Tatsache aber ist, dass es in diesem Konfliktfeld häufig einen Verlierer gibt: den Markenkern, der einfach nicht präzise genug kommuniziert wird. Wer hingegen ganz banale Fragen stellt, wie »Was sagt dieses Inserat konkret aus?« »Worum geht es, wie stringent und konsistent ist die Botschaft?«, und die Antworten mit dem Markenkern vergleicht, wird sich immer richtig entscheiden.

Die Agenturevaluation ist darum einer der wichtigsten Entscheidungen, die Sie für Ihre Marke treffen müssen. Lassen Sie sich dabei nicht blenden. Agenturen, die mit ihren Preisen, die sie gewonnen haben, prahlen, anstatt damit zu geizen, sind zu selbstfokussiert und besitzen meist nicht den Blick und die Empathie für die Marke des Kunden. Dazu braucht es übrigens nicht zwingend einen »Pitch«, eine Konkurrenzpräsentation also. Denn bereits in einem intensiv geführten persönlichen Gespräch sollten Sie herausfinden, ob das profunde Wissen, das Sie suchen und brauchen, vorhanden ist. Alles Weitere ist eine Sache der Chemie – übrigens für beide Seiten.

Goldenes Kriterium 3: Ein Marke-ting-Sommelier macht Handschriften lesbar.

Jeder Mensch hat seinen eigenen Charakter, was sich z.B. in seiner Schrift ausdrückt. Wer die Handschriften von Ärzten kennt, weiß: Nicht jede ist lesbar. So machen wir uns aufgrund verschiedener Merkmale ein Bild von jeder Person.

Mit Marken ist das nicht anders. Kunden interessiert es zunehmend mehr, was hinter einer Marke steckt und wofür sie steht. Ist Kinderarbeit im Spiel bzw. am Werk? Sind falsche Herkunftsangaben zu fürchten? Solche Fragen sind heute ebenso Entscheidungskriterien beim Kauf, wie der eigentliche Produktnutzen. Der Charakter der Marke muss von der obersten Hierarchiestufe definiert und mit Nachdruck gefordert werden. Die Aufgabe des Marketingverantwortlichen ist es, diese »Handschrift« lesbar zu machen. Als oberstes Gebot gelten Authentizität und der Verzicht auf Tricks. Was ich damit meine, lässt sich mit einer Geschichte veranschaulichen, die mir persönlich zugetragen wurde.

BEISPIEL

Einen begeisterten Jogger schmerzte bei seinen Läufen stets die Achillessehne, weshalb er einen eigenen Laufschuh entwickelte. Anders als herkömmliche Schuhe mit dämpfender Sohle setzte er dabei auf ein »Gummigewölbe«, das den Aufprall ganz natürlich dämpfte. Und siehe da: Seine Schmerzen waren weg – und eine neue Geschäftsidee war geboren.

Und die Geschichte ging weiter: Der Mann fand Investoren, begann seinen Schuh klar zu positionieren und besaß die Geduld, seine Marke gegenüber den Übermächtigen zu etablieren, ganz im Wissen, dass Marken nicht von heute auf morgen wachsen. Die Sogwirkung entsteht automatisch, wenn das Produkt überzeugt. In der Kommunikation macht er die Markenessenz durch die persönliche Entstehungsgeschichte authentisch spürbar – und darum für Konsumenten lesbar. Mit dem Resultat, dass sich seine Schuhe eine schöne Nische im Markt erobern konnten.

Goldenes Kriterium 4: Ein Marke-ting-Sommelier kennt die Reihenfolge: Produkt, Preis, Platz, Promotion.

»Na, logisch«, sagen Sie? Meine Erfahrung sagt mir, dass es sich um keine Selbstverständlichkeit handelt! Die Wirklichkeit gibt mir recht. Da werden Hochglanzbroschüren gedruckt, bevor das Produkt überhaupt marktreif ist. Ohne Wissen über die finalen Produktvorteile werden Promotionen entwickelt und Distributionskanäle evaluiert. Denn: Zeit ist schließlich Geld. So kommt es, wie es kommen muss: Produkte werden dem Handel vorgestellt, der Preis ergibt sich von selbst und die Distribution basiert auf der Laune der Kanäle und nicht auf einem produktbezogenen Konzept. Andere wiederum kümmern sich fast ausschließlich um die Distribution, erzielen dabei aber kaum mehr Wachstum, weil sie die drei weiteren P vernachlässigen. Am schlimmsten ergeht es all jenen, die sich nur noch um den Preis kümmern. Sie sehen, was in der Theorie so selbstverständlich erscheint, nämlich die 4P in ihrer natürlichen Reihenfolge zu behandeln, treibt in der Praxis seltsame Blüten. Schuld daran ist häufig nicht das Unwissen der Marketingverantwortlichen, sondern ihr Unvermögen, sich gegen die Hektik des Tagesgeschäftes aufzulehnen und ihre Prinzipien durchzusetzen.

Goldenes Kriterium 5: Ein Marke-ting-Sommelier hat ein Netzwerk und weiß es zu pflegen.

Es mag ungerecht erscheinen, ist aber nur menschlich: Am liebsten machen wir Geschäfte mit Menschen, die wir kennen und die unser Vertrauen genießen. In diesem Sinne ist es wichtig, ein gutes Netzwerk aufzubauen und, vielleicht fast noch wichtiger, es zu pflegen. Denn Beziehungen schaden nur dem, der sie nicht hat. Aber aufgepasst: Vitamin B ist ein rezeptfreies Medikament, das voller Nebenwirkungen steckt. Businessmodelle, die ausschließlich auf dem Faktor »Beziehung« basieren, sind von zu vielen Abhängigkeiten geprägt. Der erfolgreiche Marketingverantwortliche hat darum ein gutes Gespür dafür, wo Beziehungen weiterhelfen und wo sie einschränkend oder gar hemmend wirken. Er investiert darum nicht nur in Bekanntschaften, sondern in Beziehungsqualität. Nur in diesem Kontext kommt ein vertraulicher, informeller Wissensaustausch zustande, der hilft, Herausforderungen aus einer anderen Perspektive zu beleuchten. Ein Geben und Nehmen also. Weshalb das Networking, wie wir es neudeutsch zu nennen pflegen, stets mit einem offenen, großzügigen Geist zu betreiben ist.

Goldenes Kriterium 6: Ein Marke-ting-Sommelier hat eine Er-Wartungshaltung.

Markenführung ist ein Geduldspiel; das allerdings steht im totalen Kontrast zur Erwartungshaltung der Geschäftswelt. Die oberste Etage will Ergebnisse sehen, und zwar sofort. Allerdings kommen Abverkäufe nicht auf Knopfdruck zum Quartals- oder Jahresabschluss zustande. Dazwischen steht immer noch der Kunde, der kaufen muss. Ihm ist nicht vorzuschreiben, wie er sich zu verhalten hat. Dennoch: Die Erwartungshaltung ist ganz natürlich.

Wenn wir Menschen etwas tun, sei es ein Lob aussprechen oder zu einem Geburtstag gratulieren, folgt darauf ganz natürlich eine Reaktion. Die Märkte aber reagieren viel langsamer und verweigern uns das »Feedback« zuweilen. Ein cleverer

Marketingverantwortlicher setzt darum nicht auf Vorschusslorbeeren, sondern auf Geduld oder eben: Er-Wartung. Er kann warten, weil das ein Marktprinzip ist, das sich nicht aushebeln lässt. Mehr Geduld und weniger Erwartung lautet das Gebot. Sie führen zu einem ruhigeren Puls, größerer Gelassenheit und weniger Burn-out.

Goldenes Kriterium 7: Einem Marke-ting-Sommelier geht es nicht nur ums Geld.

»Money makes the world go round.« Der Songtext aus dem Musical »Cabaret« benennt die Quintessenz unseres marktwirtschaftlichen Treibens. Wohin es uns jedoch gebracht hat, zeigt nicht zuletzt die Bankenkrise, die beinahe unser gesamtes Wirtschafts- und Sozialsystem zum Kollabieren gebracht hätte (oder hat?!). Ein erfolgreicher Marketingverantwortlicher weiß darum, dass nicht nur der monetäre Erfolg zählt. Und er weiß, dass die sogenannten weichen Faktoren befriedigender und langfristig wirksamer sind.

BEISPIEL

Bei der Ausschreibung für den Druckauftrag eines Periodikums ließ der Drucker, der den Job bisher durchführte, den Marketingverantwortlichen hängen. Keine Offerte, kein Anruf, nichts. Kurz vor der Auftragsvergabe kontaktierte er ihn und musste erfahren, dass wenige Tage zuvor seine Frau überraschend verstorben war. Nicht, dass er sich als Robin Hood der Druckaufträge aufführen wollte, aber für ihn war sofort klar: Dieser Auftrag bleibt beim bestehenden Drucker, auch wenn er diesmal über dem Preis der Konkurrenz liegt.

Die Geschichte geht weiter: Die Entscheidung brachte ihm übrigens äußerst positive Reaktionen ein. Auch von der Konkurrenz, die den Auftrag schlussendlich nicht bekam. Bis heute arbeitet er mit beiden Druckern zusammen, weil sie mit vollem Einsatz für ihn arbeiten und, wenn nötig, auch eine »Nachtaktion« möglich machen. Etwas, das er zur Zeit seiner Entscheidung nicht im Entferntesten erwartet hätte.

Goldenes Kriterium 8: Ein Marke-ting-Sommelier investiert in Weiterbildung.

Haben Sie sich nicht auch schon gefragt: »Wie kann es sein, dass es Führungsleute gibt, die sich mit Wissen von damals behaupten?« Behaupten ist hier durchaus in einem militärischen Sinn gemeint, da viele fehlendes Wissen mit einem forschen Auftreten zu kompensieren suchen. Klar, diese Leute sind historisch in ihrer Funktion gewachsen, obschon sie jegliche Art von strategischem Weitblick vermissen ließen. Mit dem Resultat, dass ihre Einbildung deutlich größer als die Ausbildung ist. Das hilft auf Dauer keiner Marke weiter. Heute ist darum kontinuierliche Weiterbildung gefordert. Nur so verlieren Marketingverantwortliche nicht den Anschluss. Gerade als »Routiniers« drohen wir sonst wichtige Entwicklungen zu verpassen oder verständnislos zu beurteilen.

»Lifelong learning« ist darum ein Konzept, das nicht nur für unsere Kinder Gültigkeit hat, sondern ebenso für alle, die mitten im Arbeitsleben stehen. Man braucht nicht zwingend einen Hochschulabschluss, um ein guter Marketingverantwortlicher zu sein, aber den »Drive«, die Motivation, sich tagtäglich zu verbessern, Kurse und Seminare zu besuchen und das Gelernte systematisch mit Verstand und Gefühl anzuwenden. Nicht mehr, aber auch kein bisschen weniger.

Goldenes Kriterium 9: Ein Marke-ting-Sommelier stellt Markeninteressen vor Eigeninteressen.

Es bedarf schon einer besonderen Fähigkeit, Eigeninteresse auszublenden und in die Schuhe der Konsumenten zu schlüpfen. So herausfordernd das ist, es gehört zur Grundvoraussetzung eines jeden Verantwortlichen, der Erfolg haben will. Zur Verdeutlichung: Ein leidenschaftlicher Fleischesser darf die Augen nicht vor vegetarischen Produktinnovationen verschließen, nur, weil er nicht zur Zielgruppe gehört. Es gilt, Eigenpräferenzen konsequent auszublenden.

Dies gilt übrigens genauso bei der Beurteilung von Marketingmaßnahmen. Häufig machen Entscheidungsträger den Fehler, sich von eigenen Erfahrungen antreiben zu lassen, statt sich die Zielgruppe zu vergegenwärtigen. Schon Konfuzius hat gesagt: »Die Erfahrung ist wie eine Laterne im Rücken. Sie beleuchtet lediglich das Stück Weg, das wir bereits hinter uns haben.« Als Marketingverantwortlicher müssen wir die Fähigkeit kultivieren, die Laterne nach vorne zu richten, die Zukunft zu beleuchten und dabei unsere Eigeninteressen hintanzuhalten. Wir vermarkten Produkte nicht für uns, sondern für Konsumenten, die ihre ganz eigenen Präferenzen, ihre eigenen Charaktere haben. Lernen Sie diese kennen – und richten Sie den Fokus Ihrer Marke darauf.

Goldenes Kriterium 10: Ein Marke-ting-Sommelier folgt den 10 Erfolgsgaranten des treffsicheren Marketings.

Bereits im Kapitel »Treffsicheres Marketing – 10 Erfolgsgaranten« habe ich beschrieben und gezeigt, wie die Erfolgsgaranten Ihnen als Kompass der Markenführung dienen.

Stichwortverzeichnis

Impressum

Bibliografische Information der Deutschen Nationalbibliothek
Die Deutsche Nationalbibliothek verzeichnet diese Publikation in der Deutschen Nationalbibliografie; detaillierte bibliografische Daten sind im Internet über http://www.dnb.dnb.de abrufbar.

Print: ISBN: 978-3-648-15606-3 Bestell-Nr.: 10682-0001
ePub: ISBN: 978-3-648-15607-0 Bestell-Nr.: 10682-0100
ePDF: ISBN: 978-3-648-15608-7 Bestell-Nr.: 10682-0150

Dr. Wolfgang Frick
Markenführung im Umbruch – Nutzen schaffen am Point of Sale
1. Auflage 2021

Redaktionsanschrift: Fraunhoferstraße 5, 82152 Planegg/München
www.haufe.de
online@haufe.de

Produktmanagement: Jürgen Fischer
Lektorat: Ulrich Leinz, Berlin
Bildnachweis (Cover): jayk7/Getty Images
Illustrationen: Silvio Raos, Dornbirn

Der Autor

Dr. Wolfgang Frick ist mit Leib und Seele Marke-ting-Sommelier. Er ist ein vielgefragter Keynotespeaker und brennt mit Leidenschaft für die Gesamtheit des Marketings als eine Mischung aus Denkvermögen, Handwerk, Kreativität und Kommunikationstalent. Der studierte Betriebswirt, Publizist und Kommunikationswissenschaftler leitete viele Jahre das Vorstands-Ressort »Marketing und Sortimentsmanagement« eines Schweizer Konzerns, engagiert sich ehrenamtlich als Vizepräsident des Marketing-Club Vorarlberg, unterrichtet als Dozent an Hochschulen und privaten Bildungseinrichtungen und ist als Unternehmensberater mit den Schwerpunkten »Markenführung« und »Product Scouting« selbstständig tätig. Wolfgang Frick listet in seiner »Markensammlung« bereits über 40 regionale, nationale und internationale Marken auf, für die er in verschiedenen Rollen tätig war.

Wolfgang Frick hat mehrere Bücher veröffentlicht: Sein erstes Buch »Patient Marke – Kunstfehler im Marke-ting« (2013) ist bereits in der 3. Auflage erhältlich und erschien ebenso bei Haufe wie sein zweites Buch »Die neue Lust am Entscheiden« (2016). Sein drittes Werk »Online ist schlagbar – Keine Angst vor Amazon, Zalando & Co – Das richtige Konzept und Ihr Laden läuft« (2019) erschien beim FAZ Buchverlag und ist bereits nach kurzer Zeit in 2. Auflage gedruckt worden.

Mit seiner langjährigen Handelserfahrung sind ihm die Gesetze der Kaufentscheidung bestens bekannt und der stationäre Handel liegt ihm sehr am Herzen, weshalb er sich als Markenbotschafter für die Initiative »Kauft lokal« in Offenburg engagiert.

Wolfgang Frick ist verheiratet, Vater von vier Kindern und lebt in seiner Heimatgemeinde Frastanz (Vorarlberg).

Weitere Literatur

»Patient Marke: Kunstfehler im Marke-ting – Wie Sie schmerzhafte Fehler vermeiden und Ihre Marke fit bleibt«, von Wolfgang Frick, 192 Seiten, EUR 29,95.
ISBN 978-3-648-08125-9, Bestell-Nr. 10415

»Die neue Lust am Entscheiden – Wie Sie mit dem täglichen Überangebot an Möglichkeiten besser zurechtkommen«, von Wolfgang Frick, 208 Seiten, EUR 19,95.
ISBN 978-3-648-08171-6, Bestell-Nr. 10150

»Online ist schlagbar - Das Richtige Konzept und Ihr Laden läuft«, von Wolfgang Frick, 200 Seiten, EUR 22,00.
ISBN 978-3-96251-074-9

»Künstliche Intelligenz im Marketing – ein Crashkurs«, von Andreas Wagener, 221 Seiten, EUR 29,95.
ISBN 978-3-648-12392-8, Bestell-Nr. 17016

»Was Marken erfolgreich macht – Neuropsychologie in der Markenführung«, von Christian Scheier und Dirk Held, 276 Seiten, EUR 34,95.
ISBN 978-3-648-02954-1, Bestell-Nr. 00097

»Top Seller – Was Spitzenverkäufer von der Hirnforschung lernen können«, von Hans-Georg Häusel, 198 Seiten, EUR 24,95.
ISBN 978-3-648-12386-7, Bestell-Nr. 01367